家族企業諮詢

簡·希爾伯特-戴維斯(Jane Hilbirt-Davis) ◎著
小威廉·吉布·戴爾(W.Gibb.Dyer,Jr)

肖柳 ◎譯

崧燁文化

中文譯版序言

家族企業——敢問路在何方？

當我接到本書譯者肖柳先生邀請為本書寫一篇中國版的序言時，我毫不猶豫就答應下來。

家族企業在中國正成為一個研究和諮詢的熱點領域，這本書在這個領域有非常高的借鑒價值。我們不必爭議家族企業的是與非，其能存在已經展示了其合理的一面。況且，兒女總是父輩們內心最柔軟的部分，尤其是中國人，一輩子總不懈地為子女們活著。這一樸素的情感勝過對自己忠心耿耿、跟隨自己打拼多年的老部下們，所以，「子承父業」一直被不遺餘力地堅持著。而且西方國家發展得好的家族企業比比皆是，如杜邦、希爾頓、豐田汽車、戴爾等，這也為家族企業在中國理所當然地存在提供了最具說服力的證據。

但國內家族企業的存在也只有短短30多年時間。由於歷史原因，1949年前家族企業基本絕跡，之后才逐漸形成獨特的企業組織形態之一。根據美國家族企業學會的數據，國外的家族企業只有30%能順利傳到第

二代，而傳到第三代手中的概率只剩下不到12%。這一數據在中國的背景下可能會低於10%。我們應清醒地看到，擁有幾百年發展經驗的西方家族企業尚且如此，我們僅30多年歷史的中國企業權杖到底能傳多遠？

歷經近40年改革開放之路，中國經濟走過了放開民營、鼓勵民營經濟發展、國進民退、再度肯定民營經濟地位和鼓勵民營經濟進入更多原來為國有企業壟斷的領域、民營企業參與國有企業混改這樣起起伏伏的道路，波折並沒有阻礙民營企業做大做強。而中國民營企業的發展，大部分都是充滿了家族企業的股權關係、治理結構、管理和業務關係，尤其是在企業開始起步的階段。不少企業做大到中國500強和世界500強，比如華為、正威集團、美的集團、碧桂園集團等。雖然已經有職業經理人團隊在履行經營管理職責，但是企業創始人和家族成員對於企業的實際控制和戰略發展的影響方面都仍然無法完全褪去家族企業的色彩。更別提眾多的中小企業了，「夫妻店」「兄弟姐妹幫」「父子公司」屢屢皆是。值得注意的是，本書作者在美國經濟社會環境下給出的家族企業的定義，和我對中國家族企業的觀察一致：家族企業和企業是否上市無關。也就是說，非上市公司被定義為非公眾公司，但是上市公司仍然可能因為「其控制權和戰略發展被某個家族的若幹成員所影響」而實質上具有家族企業特徵。

目前，很多以家族為特徵的民營企業，正面臨新老交棒的關鍵時刻，也不斷湧現出越來越多的問題，正在積極尋求外部諮詢的幫助。曾經有著名的民營控股集團公司找到我，請我幫助該企業老板制定在家族成員不參與管理的情況下的企業頂層管控之道。又比如，我的學姐、國內著名的管理學家陳春花教授，在新希望集團提供了多年的諮詢服務後，接受劉永好董事長的邀請，出任新希望六和集團的聯席董事長兼CEO。她既幫助新

希望六和的轉型升級,又輔導著新希望下一代企業接班人的成長,並在企業轉型升級取得階段性成果、劉永好先生的女兒劉暢更為成熟後選擇卸任,又回到顧問身分和學者身分。這堪稱家族企業諮詢中的一個有特色的、成功的解決方案。我在 18 年的管理諮詢和民營企業操盤生涯中,接觸到不少家族企業,也認識到家族企業的諮詢相對於其他性質的企業(比如國有企業、控制權分散的上市公司、非家庭成員股東投資的民營企業)諮詢要更為複雜,需要更為特別的諮詢方法和解決方案。我曾經有一個諮詢客戶,夫妻兩個經過艱苦創業把企業做到相當規模,但是雙方對於公司是否要在那個時點上市、上市以後的公司發展方向等發生了非常大的分歧。擔任董事長的先生私底下對我感慨說:「創業之初我們曾經約定過公司的事情不帶回家,生怕工作上的爭吵影響家庭生活。但是我們這樣的企業,生意就是生活,根本不可能做到公司和家庭分開。最麻煩的是,企業做到現在,誰都不想退出。」之後,我和其他顧問共同努力,採用了多種影響方式,最後促使該公司引入戰略投資者作為其他股東並調整了他們夫妻在董事會和公司業務架構中的角色,才算勉強在幾個關鍵問題上使其達成一致。即便如此,現在這兩位仍然都在該公司擔任要職,沒有一方願意退出公司管理。正如弗洛伊德曾說,「一個人幸福所需要的全部就是在『愛和工作』中找到滿足感。我們的家族企業客戶都在愛和工作方面瀕於險境,他們理應得到我們最好的諮詢。」

因此,本書作者從美國家族企業諮詢的角度來分享了豐富的研究成果和最佳實踐案例,對於中國正需要引入諮詢來解決若幹關鍵問題的家族企業,對於需要理解家族企業諮詢難點的諮詢顧問,對於在家族企業任職又想影響家族企業變革的職業經理人,都具有非常好的參考意義。在這個領

域，我個人認為，拋開大家經常會談到的「國情」「文化」差異，其實全球的家族企業都有非常多共性的、規律性的內在困難和挑戰，面對家族企業的諮詢也必須遵循「對人性和親情的理解要先於解決方案」這些普遍原則。如果這本書，能夠對於中國家族企業的發展和傳承，起到即便是微小的貢獻，我很願意成為這個貢獻中的一分子。

王 鉞[①]

---

① 王鉞，現任怡合集團 EHO Group 董事長兼首席顧問，曾任合益 Hay Group 大中華區副總裁、廣東東菱凱琴集團常務副總裁。擁有 12 年管理諮詢和 6 年企業高層管理經驗，長期關注家族企業發展，致力於為中國企業轉型升級培養領導人才。

致　謝

　　我們在此感謝自願和熱心參與到訪談中的每一個人。同時，我們也感謝家族企業學會的同事，他們既挑戰我們的觀點，也帶給了我們啓發和支持。我們還要感謝劍橋中心主辦的研討會的參會者，特別是該中心培訓項目總監約瑟夫·英斯基普。他們對學習充滿激情，既挑戰我們也幫助我們深化這些觀點。我們還要感謝羅蘭·蘇利文和系列叢書的其他兩名編輯克里斯汀娜·奎德和威廉·羅思維爾，是他們使我們走到一起並鼓勵我們開展這個項目。還有支持我們的喬西-巴斯（Jossey-Bass）出版社的工作人員凱瑟琳·多蘭·戴維斯和約瑟·布拉特。此外，項目編輯蘇珊·瑞琪米勒也為本書的最后成稿提供了重要的建議。

　　我們還要感謝這些年來客戶為我們提供了獨有的培訓平臺，讓我們能夠磨練技能。雖然我們有艱鉅的責任幫助他們，但是在共同提升企業與家庭的過程中，我們也收穫了急需的經驗和領悟。最后，我們要感謝我們自己的家人，是他們讓我們懂得家庭在生命中的重要意義。

前　言

　　我們寫這本書的原因很簡單，就是還沒有人寫過這樣一本書。直到幾年前，有關家族企業的書也為數不多。不過在過去幾年中，有關該主題的書數量激增，但極少涉及家族企業顧問這個話題，而且通常僅僅關注諮詢過程中的某一個方面，比如家族企業的戰略、過程諮詢或者關係問題。此外，這些書還缺乏一套有助於提升在這個獨特體系中工作的諮詢顧問的技能和能力的系統方法。因此，寫這樣一本書只是時間早晚的問題。在系列叢書編輯們的鼓勵和支持下，我們就動筆了。

　　該書雖然建立在合理的理論基礎之上，但本意卻是側重實務，提供了從事家族企業諮詢時有效的變革管理路線圖，通過諮詢過程和有關家族企業體系和諮詢干預的其他內容，幫助讀者一步一步地瞭解家族企業諮詢。為了有助於這些概念的應用，書中還提供了練習、工作表和其他資源以供讀者進一步學習。書中使用的示例都來自於實務案例，並且匯集了家族企業中最常見的問題（重要提示：書中所有案例都採用化名）。我們的諮詢框架都以傳統的組織發展行動研究方法論為基礎，同時引入了還在發展中的有關家族企業的知識體系的新觀點和新理論。

組織發展領域很大程度上忽視了家族企業，本書的初衷就是填補這個空白。但我們很快清楚地意識到本書在深度和廣度上要服務於更廣泛的讀者群體。所以，儘管本書以組織發展框架為基礎，但對象範圍廣泛地包含了會計、財務、法律、組織和管理科學領域中正在進入或已經從事過多年家族企業諮詢並希望更新思想的專業人士。本書強調不同體系之間的互動和家族企業諮詢的多學科方法的重要性。

該領域的挑戰和發展如影隨形。隨著家族企業變得愈加複雜，也越來越關注最佳實踐，它們會更挑戰諮詢顧問的能力。反過來，諮詢顧問也會挑戰自己的假設並對此做出回應。在此過程中，家族企業研究領域也會繼續發展。我們沒有在書中給出定論，但是希望本書可以為每個諮詢顧問提供一個基礎。他們通過時間和經驗的沉澱也可以形成這個基礎。我們希望能夠教育新一代人，同時挑戰老一代人。

作者背景

簡·希爾伯特-戴維斯擁有家庭系統治療和組織發展雙重背景，一直以來都以行動研究模式為框架開展家族企業諮詢，十多年來一直訓練和指導家族企業諮詢顧問。她目前是關鍵資源（Key Resources）的創始人。Key Resources是一家專注於家族企業和封閉控股公司的諮詢集團（位於馬薩諸塞州）。簡與杰克·特勞特創辦了劍橋創新企業中心（Cambridge Center for Creative Enterprise）。該中心是一家教授家族企業諮詢最佳實踐的非營利性機構。該機構因其對家族企業跨學科諮詢的傑出貢獻，榮獲家族企業學會（FFI）2000年跨學科成就獎。近年來，簡從多種渠道收集材

料和案例用於教學，並開發了自己的教材。這本書很大程度上就是來自於開發教材的需求，這再次證明了需求是發明之母。

簡最初接受的訓練是成為一名生物學家，然后接受了系統治療師和組織發展顧問的培訓。此后，她被這種互動、演進的系統，特別是被在人類體系中有計劃的和自發的改變深深吸引。在她的職業生涯中，再沒有什麼比家族企業系統更具有挑戰的了。在這個領域裡，她失去了很多，但是也收穫了很多。弗洛伊德曾說，一個人幸福所需要的全部就是在「愛和工作」中找到滿足感。我們的家族企業客戶都在愛和工作方面瀕於險境，他們理應得到我們最好的諮詢。

吉布·戴爾教授是在麻省理工學院攻讀博士學位期間，被他的教授和導師理查德·貝克哈德領入了家族企業領域的。迪克（譯者註：貝克哈德）是組織發展領域的奠基人之一。當他以組織發展顧問的身分給家族企業做諮詢的時候，所面對的挑戰引發了他極大的興趣。迪克招來吉布做他的研究助理並讓他參與到家族企業的諮詢工作中，研究他們共同遇到的問題。研究的結果是，吉布寫了關於家族企業文化變革的論文，並在此研究中出版了一本獲獎著作：《家族企業的文化變革：預測和管理企業和家族的過渡》（Jossey-Bass 出版社於 1986 年出版）。離開麻省理工學院后，吉布加入了楊百翰大學的萬豪商學院，目前是奧·萊斯利·斯通創業學教授。他繼續研究家族企業面臨的問題，教授並指導在家族企業工作的學生。他還經常擔任不同家族企業的顧問，這進一步加深了他對如何有效地為這類企業提供諮詢的理解。在諮詢實踐中，他與家庭顧問與治療師羅杰·皮耶，以及來自其他跨學科領域的專業人士合作，共同幫助客戶解決問題。

經由踐行組織發展系列叢書編輯之一的羅蘭·蘇利文介紹認識後，我們開始合作撰寫本書。因為我們在進入這個領域時都是在嘗試與失敗中艱難地學習，所以我們認為有必要為家族企業顧問寫一本能夠提供指導的書。過去的幾年，我們一邊發展我們的觀點，一邊通過電子郵件、傳真、電話促使對方對本書進行思考。這是一次對我們倆來說都激動人心的經歷。在諮詢實務的方向上我們意見相似，但是不同的背景促使我們挑戰各自的觀點，深入地思考什麼對家族企業顧問真正有意義。

本書的內容如何組織？

我們把該書的內容分成了三部分。第一部分幫助讀者理解家族企業獨特的性質。第二部分闡述如何有效地開展家族企業諮詢。第三部分著重於成功的家族企業顧問所需要的知識和技能。

第一部分：家族企業系統

第一章《為什麼需要家族企業諮詢？》向讀者介紹家族企業和該領域的發展，包括家族企業的獨特性和由此給顧問帶來的問題。本章還比較了家族企業、家庭和企業三個系統，並闡述了在這三個系統組成的互動系統邊界中開展工作的顧問的獨特位置。

第二章《健康家族企業的特徵》闡述了健康的與不健康的家族企業系統，並從文化、領導力、角色、實踐和家族參與等不同維度進行了比較和對比。

第二部分：家族企業諮詢

第三章《諮詢合同與評估》闡述了行動研究模式的方法論，隨后討論了合同簽訂、諮詢過程中的評估階段，以及在各個階段需要考慮和詢問的恰當的問題。本章還會講到家系圖及其使用，討論不同體系之間的互動關係和邊界。

第四章《諮詢反饋與計劃》闡述了數據反饋的階段，包括有關組織、反饋數據和形成解決辦法的建議。本章還包含一個關於家庭靜修會的建議性安排、簡單和複雜衝突的比較和應對的策略。

第五章《對家族企業的干預》闡述了行動研究模式的執行階段。本章包括了干預的案例、變革模型類型的討論，以及干預程序。我們區別了情感干預和技術干預，以及各自干預的層面，同時強調不同層面之間的互動關係。本章還包括干預網格和應對抵制變革的建議。

第六章《幫助家族企業實現發展過渡》包含了涉及個人、家庭和組織生命週期的互動體系。該體系能否協同工作會決定它們之間的互動能否成功。與此相關的是對危險期和變革期的討論，這兩種時期既很正常又具有偶然性。本章還會談到儀式的重要性，並給出幫助客戶應對變化和壓力的建議。本章也會提到繼任計劃。

第三部分：家族企業顧問

第七章《家族企業顧問的技能與道德》會討論家族企業諮詢需要的獨特知識和技能。本章提供了家族企業學會每個認證項目的申請人需要完成的自我評估問卷。該問卷也可在家族企業顧問的成長道路上用作地圖之用。此外，本章還包括取得支持、設定諮詢費用結構的建議，以及有關顧

問道德的討論。

第八章《特殊情況與挑戰》涉及家族企業客戶的特殊問題，包括夫妻創業者、情感、癮癖、性別、非家族經理人、家族辦公室和基金、種族等。本章提供各個主題的概要及研究資源，在每一部分最后都有補充資料。

第九章《家族企業諮詢的回報與挑戰》中採訪了該領域的二十位專家。他們回答了家族企業諮詢獨特性的原因、挑戰、教訓和有效干預等問題。

簡・希爾伯特-戴維斯

馬薩諸塞州萊克星頓市

小威廉・吉布・戴爾

猶他州普羅沃市

Contents

目　錄

第一部分　家族企業系統

第一章　為什麼需要家族企業諮詢？ 2
- 什麼是家族企業？ 4
- 家族企業系統 5
- 家族企業諮詢 8
- 家族企業諮詢領域的發展 10

第二章　健康家族企業的特徵 16
- 健康的家族企業 16
- 不健康的家族企業 19
- 家族企業的優勢與劣勢 20

第二部分　家族企業諮詢

第三章　諮詢合同與評估 28
- 諮詢過程 29
- 初次接觸 31

- 諮詢匹配會 32
- 建議書/聘書/合同 38
- 評估與診斷 41
- 我們到達目的地了嗎？ 61

第四章　諮詢反饋與計劃 63
- 反饋與行動計劃 65
- 創造新的解決方案 77
- 提前規劃：安排在反饋會議之后 80
- 反饋會議的其他技巧 81
- 處理衝突 84

第五章　對家族企業的干預 95
- 介入家族企業 98
- 行動研究模式的執行階段 99
- 干預網格 108
- 抵制 109
- 干預的類型 111
- 家庭動力問題 125
- 干預的指導原則 130

第六章　幫助家族企業實現發展過渡 133
- 發展階段與任務 135
- 轉變的動力 142
- 評估客戶突破各發展階段的能力 145
- 給顧問的指導原則 145
- 對實踐的啟示 146

第三部分　家族企業顧問

第七章　家族企業顧問的技能與道德　162
- 自我評估　163
- 必備的知識和技能　166
- 多學科團隊　173
- 諮詢費　177
- 道德問題　180

第八章　特殊情況與挑戰　186
- 夫妻創業者　186
- 情感　196
- 癮癖　202
- 性別　206
- 非家族經理人　209
- 家族辦公室和家族基金　212
- 種族　216

第九章　家族企業諮詢的回報與挑戰　217

後記　236

關於本系列叢書　238

本書簡介　241

編委會聲明　242

系列叢書後記　247

編輯簡介　249

作者簡介　252

封底評論　255

譯者簡介　257

第一部分

家族企業系統

第一章　為什麼需要家族企業諮詢？

家族企業是世界上最常見的一種組織形態，小到「夫妻店」，大到像李維斯・斯特勞斯公司，它們幾乎存在於世界經濟的每一個領域。儘管所有的家族企業各自某些方面具有獨特性，但通常經歷共同的問題和困境，從而需要顧問協助解決。家族企業領導所面臨的問題通常並不存在於其他類型的組織中，因此，需要熟悉家族企業獨特特徵的顧問。以下三個家族企業領導所遭遇的問題有助於闡明這個觀點。

▶ 案例 1.1

一位母親和她的三個女兒共同管理著四家不同的企業。其中有一家是幾年前才開辦的零售店，主要是給大女兒一份能獲利的工作，因為她過去在保住工作方面有些困難。這位母親的考慮是這家店很小，而且處在一個小眾市場，也不需要自己太操心。但不幸的是，大女兒不善經營，導致這家店年復一年地虧損。而其他三家企業營運良好，所獲得的利潤卻要用來補貼這家零售店的虧損。絕望之下，這位母親找來一名諮詢顧問，說明了自己面臨的境況。最後，她問顧問：「我該怎麼辦呢？我愛我的女兒，希望她能成功，但是我不能把錢砸進一家失敗的企業。而且，我其他三個女兒對我給大女兒的幫助也怨聲載道，認為我偏心眼。我怎麼才能維持家庭的和諧，同時能夠讓企業盈利？」

> **案例 1.2**

另一家企業的首席執行官（CEO）打算近期退休。儘管他想自己和妻子能夠保留大多數廠房與設備的所有權，但已經計劃讓四個兒子接管。他的兒子們不知道該如何擬定這個協議，於是就找來了顧問，提出了以下的問題：

（1）你認為父親真想把企業交給我們，還是他仍想保留財產的控制權，以便能夠管理企業？

（2）我們能信任他嗎？

（3）我們每個人能持有企業的多少股份？

（4）誰會接任父親成為 CEO？

（5）每一個在企業中工作的家庭成員能夠獲得多少報酬？

（6）我們的一個妹妹不在這家企業工作，她是否能得到某種補償？

> **案例 1.3**

一家成功的家族企業的 CEO 遇到一個兩難困境。在早期創業的時候，他依靠幾個兄弟姐妹起家，企業成功也很大程度來自於家族成員的努力與奉獻。現在這家企業在成功地發展，但他意識到大多兄弟姐妹不具備承擔企業下一個階段發展的能力，公司需要更專業的技術和管理人員。他該怎麼辦？讓家族成員接受培訓，獲得公司所需要的技能？辭退不勝任的家族成員？招聘更有經驗和專業的外人替代家族成員，再給家族成員找個其他位置？家族成員對引入了職業經理人會有什麼反應？不過，對這位 CEO 來說，最大的問題是：我怎麼才能得到這些問題的答案呢？

這些就是家族企業領導人要面臨的各種問題，經常需要諮詢顧問的幫助。像上面三個案例中的問題就不太容易回答。但是，我們相信具備恰當經驗且得到過驗證的諮詢顧問能夠幫助家族企業回答這些問題。

因此，本書的目的就是闡述家族企業面對的獨特問題，給顧問提供可用於幫助企業的策略，以及探討顧問所需要的獨特技能。

什麼是家族企業？

在討論什麼是成功的家族企業諮詢之前，很重要的一點是界定什麼是我們所說的「家族企業」。我們可能對家族企業有許多定義，但是，就我們的目的而言，我們將家族企業界定為「所有權或者管理決策被一個或多個家族影響的組織」（戴爾，1986）。我們發現有很多的家族企業符合這一廣泛的定義。在一些家族企業中，家族控制著所有權和經營管理權，因此能夠對企業行為施加巨大影響（反之亦然）。在另外一些家族企業中，家族控制著企業所有權，但是聘用非家族成員的經理人來管理企業。在這類家族企業中，家族的興趣通常是去影響企業的使命與目標，控制董事會席位，獲得所有權的財務回報，但是並不想承擔管理責任。還有一些企業，比如國際商業機器公司（IBM），通常不被視為家族企業，因為它們是由公眾持股。但是，在老托馬斯·華生確認由他的兒子小托馬斯繼任董事長，其他的兒子擔任公司高管的關鍵人事決定上，仍然證明了家族對IBM的影響力。所以，即使像IBM這樣的大型公眾持股公司也可以被看作是家族企業。最後，還有一些企業看上去沒有家族與業務的聯繫，但是當企業領導人的孩子長大成人後想加入企業，或者家族開始有興趣獲得企業所有權和管理決策權時，這家企業就會演變成家族企業。我們發現的確在有些時候，企業的創始人會宣稱他們的企業不是家族企業，但在採取行動時會顯示出相反的情況。此外，有些企業領導人因為擔心家族企業的標籤會意味著任人唯親或者缺乏專業管理，所以會避免將自己的企業界定為家族企業。

家族企業的多種類型，以及一些企業主看待企業是否是家族企業的模糊性，給家族企業顧問製造了一些獨特的問題。雖然我們的確根據一些確

定的所有權與管理模式來看家族企業，但每一家仍然有其獨特性、自己的歷史和家族動態關係。因此，家族企業諮詢顧問的一個重要作用就是準確地評估家族與企業之間是什麼關係。但是，要做到這一點，顧問需要用系統性的視角來理解家族企業。

家族企業系統

我們找到了一套有助於建立家族企業功能的理論系統框架。很重要的一點就是把家族企業看作是由三個獨立但重疊的系統構成：①企業系統；②家庭系統；③所有權或者治理系統。圖1.1說明了這些系統以及它們相互之間的關係。

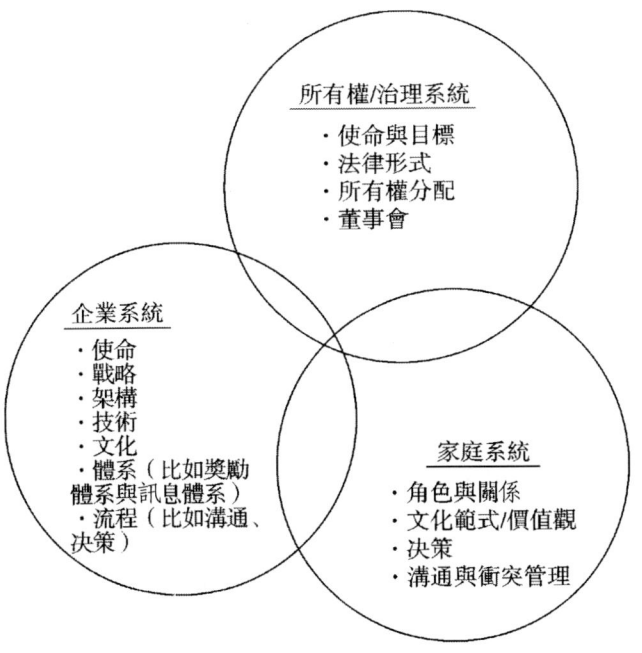

圖1.1　家族企業系統

資料來源於R. 塔居里和J. A. 戴維斯所著的《家族企業評論》（哈佛大學出版社於1982年出版）中的工作文件《家族企業的二元特徵》。

企業系統包括了組織使命和戰略，還有支撐企業戰略的多種設計要素，比如組織架構、體系、技術和幫助企業實現目標的關鍵流程。所有權和治理系統包括企業的法律形式（比如，有限責任公司或 C 型股份有限公司等）、所有權分配、董事會或者其他治理機制，以及企業管理者的目標和願望。家庭系統涉及與企業相關聯的一個或多個家族、家族的目標和願望、角色和關係、溝通模式，以及文化價值觀。

家庭的價值觀 VS 企業的價值觀

當三個系統相互交織的時候，就產生了家族企業獨特的動態關係。許多嘗試成功地管理三個系統的家族企業領導人面對的衝突、爭議、困境都是來自於家庭與企業之間不同的價值觀，見表 1.1。

表 1.1　　　　　　　　家庭系統與企業系統的比較

衝突領域	家庭系統	企業系統
目標	發展和支持家庭成員	利潤、銷售額、效率、成長
關係	密切的私人關係，關係最重要	半私人或者非私人關係，關係較為次要
規則	非正式的期望（這就是我們一直以來的做法）	書面的、正式的規則，通常明確規定了獎懲
評價	因身分獲得獎勵；考慮「苦勞」；無條件的愛與支持	根據績效和功勞來給予有條件的支持；雇員可以被晉升或被辭退
繼任	因死亡、離婚或者疾病引起	因退休、晉升或離職引起
權威	基於家庭地位和長幼關係	基於組織層級的正式關係
承諾	代際和一生的承諾；基於在家庭中的身分	短期；基於雇傭的報酬

企業價值觀與家庭價值觀之間的衝突對諮詢顧問而言一般都非常明顯。企業存續的主要目的是通過盈利和效率增加股東的財富。成長性通常

都是期望增加財富的股東的目標。但家庭的存續是發展和支持家庭成員，以及實現情感支持的穩固紐帶。家庭當中最重要的是人與人的關係，常常是私人的、持續一生的關係。與家庭中人與人的關係相反，企業中人與人的關係一般都是短期的、次要的、功利的。企業常常會明確表達行為規則，根據員工的行為給予獎懲。在不同的情況下，員工可以被開除或者被解雇。家庭的規則趨向於以不言自明的期望來強烈地影響家庭成員的行為。儘管家庭成員可能違背家族規則，但這種行為很少會導致這個成員被永久地切斷與家庭的情感聯繫或者被阻止參加家庭活動。除此之外，家庭成員經常因身分而不僅僅是因為他們做的事情受到獎勵。在家庭中，有苦勞就行。而且一個健康的家庭會給予其成員無條件的愛與支持。但企業是根據員工的工作結果和績效給予獎勵和晉升的。在家庭中，死亡和離婚會引起繼任；但在企業裡是因為經理人退休、晉升、離職或被開除引起繼任。家庭中的權威建立在一個人的家庭地位（母親、父親、長子等）和年長的基礎上，但是企業裡的權威要依靠組織層級中的關鍵位置確定。其對家族的承諾世代相傳、持續一生，對家族身分的強烈認同強化了這種承諾；但對企業的承諾是短期的，根據加入一個組織所做出的服務視情況而定。

　　家庭與企業在價值觀上的分歧存在於這三個系統的動態關係當中。因此，家族企業顧問的挑戰就是要幫助客戶處理這些衝突，維持健康的企業、家庭和所有權系統。當企業和家庭的目標和價值觀不一致時，他們處理起來並不容易。家族企業顧問常常發現自己要幫助客戶去管理這三個系統的平衡。

家族企業諮詢

我們發現家族企業諮詢不同於非家族企業諮詢。我們接受訓練的組織發展領域在歷史上的關注點是「行動研究」，也就是諮詢顧問幫助客戶收集整理相關問題的資料，然后再反饋給客戶。這些反饋被用來制訂變革方案，顧問的角色也擴展為幫助客戶管理變革過程的變革促進者。在本書中，我們將闡述如何用行動研究框架幫助家族企業解決問題。

傳統的做法是組織發展（Organizational Development，簡稱 OD）顧問主要幫助客戶管理變革過程。但在家族企業諮詢中，顧問不僅要精通過程管理，而且還要為客戶提供實在的內容（Content Information）。客戶有許多實在的問題（Content Questions）需要解答。例如，顧問正在幫助家族企業的掌門人規劃所有權和領導權的繼任，那麼他可能需要收集有關家族企業現狀的資料，而且當企業進入新領導人和所有人的階段后幫助他們管理必要的變革。雖然管理這種過渡的過程很重要，但為了解決關鍵問題，顧問可能還需要幫助家族改變遺產規劃、法律形式、企業所有權分配。因此，顧問需要內容知識（Content Knowledge）和技術專門知識才能完成這些轉變。在這點上，我們發現家族企業顧問來自各種不同的領域，比如會計、法律、家庭治療、遺產規劃。每一個領域都具有一套知識體系和技術專業來幫助家族企業。我們還發現，除非顧問能夠正確地整合內容（Content）和過程（Process）兩方面的知識，否則大多數家族企業的變革努力都不會成功（希爾伯特－戴維斯和森圖里亞，1995）。這就是為什麼處理家族企業問題通常需要多學科顧問團隊的原因，因為沒有任何一個人具備所有需要的內容和過程知識。我們與家族企業合作的過程中，通常會把變革過程中的一些關鍵部分轉交給其他顧問，或者與其他顧問合作，共同尋

求有效的解法方案。

看一個例子。兩兄弟創建了一家企業，弟弟不幸因癌症去世，他的妻子成了合夥人。在世的哥哥和他的弟妹互不信任（譯者註：背景資料上無法識別是兄還是弟，也可以看成嫂子。只要不影響對問題實質的理解，本書中提及姻親和血親關係時均不深究其真實的關係類型），引發許多家族與企業問題。為了解決這些問題，一名組織發展顧問被邀請來調解兩人之間的矛盾。在花了一整天的時間訪談和經歷了幾場情緒激動的會議之后，兩個對手同意擬寫一份新的合夥協議，其中包括一人死亡時的股權買賣協議。一旦這份協議完成，組織發展顧問就會聯繫家庭律師來審查有關協議的法律問題，並把協議轉換成法律文件。如果沒有組織發展顧問和律師的合作，一次有效的變革就不會發生。

這個哥哥與弟妹之間衝突的例子突顯了家族企業諮詢的另一個獨特特點——情感問題。儘管情感在所有工作場合都會影響個體，但是對家族企業的影響尤為明顯。客戶可能發火、尖叫、哭泣或者萎靡不振。家族企業的企業家們也被認為是反覆無常、不易相處的。家族企業中的變革通常會動搖最初形成的行為模式。在諮詢過程中，當權力、威信、角色定位、自尊發生改變時，就會引發各種情緒。因此，家族企業的諮詢顧問，要做好企業主、家族與企業三方面的工作，必須準備好幫助客戶解決在他們提升家族和發展企業中經歷的情感問題。而對於只需要做企業一個維度諮詢的顧問來說，就不會涉及家庭和所有權等其他系統，其工作方法就與家族企業顧問有區別。

鑒於顧問要同時具備內容和過程知識的重要性，以及具備需要幫助家族企業解決情感問題的能力，本書的其中一個觀點就是不同領域的顧問必須協同工作。不管顧問以前是什麼專業，我們相信來自於組織發展領域的行動研究框架是幫助家族企業管理困難變革最好的方法。具備所需學科的

專業知識，顧問或顧問團隊能應用這些知識去幫助家族企業領導人理解他們的選擇，推動技術或者內容上的變化。

借助本書中的理論、模型和變革策略，我們希望來自不同學科領域的顧問能夠建立一套通用的參照系（觀點、體系）和共同語言，以便在為家族企業提供諮詢的過程中合作和相互學習。如果缺乏這種共同的模式，顧問可能在工作中感到困惑，客戶也得不到優質的服務。

家族企業諮詢領域的發展

過去十年中，人們對家族企業諮詢的興趣明顯增長。這個領域雖然相對年輕，但是已經變得很火，湧現出來自精神健康、法律、財務、會計、管理和組織發展各個領域的專業人士。有關家族企業的研究也與日俱增。已故的《家族企業評論》（Family Business Review）編輯克林·蓋爾西克（1994）在論述家族企業諮詢作為一項職業的簡短歷史時寫道，有關該主題的早期信息可以追溯到「20世紀50年代到90年代之間偶見的來自於個人怪僻興趣的文章和講座」。在20世紀70年代，偶然見到一篇該主題的文章，人們通常關注的也是財富傳承或者諸如裙帶關係之類的家族衝突。隨著人們幫助家族企業成長的興趣的增長，家族企業研究領域終於在20世紀80年代早期誕生了。

20世紀80年代，職業人士和學者開始認同「家族企業領域」和認同他們作為「家族企業顧問」的身分，也有人認為他們是家族企業某個特定學科的專業人士。家族企業顧問開始尋求各種路徑進入家族企業諮詢業務。理查德·貝克哈德寫道：「一些人不知不覺地進入這個領域。我的一個客戶在20世紀50年代是一家小型的家族所有公司。我發現當我與這家公司合作多年後，我開始與這個家族有了密切關係——獲得了所有權和公

司裡的位置。」（蘭斯伯格，1983，29頁）但是，近年來，家族企業顧問已經目的更明確地進入這個領域。會計師和律師常發現他們的大部分客戶是家族企業。越來越多的治療師，不管是因為管理式醫療的失敗還是渴望挑戰，把他們的業務擴展到更大的系統，也發現了家族企業諮詢這個領域。管理和組織發展顧問則被家族企業複雜系統的諮詢挑戰所吸引。因此，家族企業諮詢開始成為一個跨學科領域。

給家族企業做諮詢的顧問很快會發現，家族企業不僅僅是小企業或者世界範圍的組織中的一小部分。最近有關家族企業的統計表明：

（1）北美超過90%的企業和世界大多數企業都是家族所有；

（2）世界500強公司中的接近35%都是家族企業；

（3）美國的家族企業提供了所有新工作機會中的78%和國家就業中的60%，以及貢獻了國內生產總值的50%。（資料來源：ffi.org/looking/facts.html）

儘管家族企業在世界經濟中佔有主導地位，但像托馬斯·皮青格爾已經指出的那樣，自從工業時代開始，污名就伴隨著家族企業，因為家族企業感覺上不像是企業，而且沒有理性。不過，皮青格爾又在《新先鋒》中指出，這種觀念正在發生變化：「重要的是要理解家族企業已經成為所有企業的榜樣。因為在今天比在一百年或更早之前，企業更是建立在關係之上——這正是家庭形成的要素。」（1999）阿爾文·托夫勒在《權力轉移》一書中預測說，家庭關係在企業中起作用的地方，官僚的價值觀和規則就會被顛覆，隨之被顛覆的還有官僚主義的權力結構。這一點很重要，因為家族企業今天的復甦並不是曇花一現的現象。我們正在進入一個「后官僚主義」時代。在這個時代裡，家族企業是官僚主義的許多替代物中的一個（1990）。

儘管家族企業在崛起，但這些組織即將出現的問題也很明顯。例如：

（1）它們有相當高的失敗率：大約有30%能存續到第二代，只有12%能存續到第三代。

（2）在接下來的五年中，美國有39%的家族企業會經歷領導權的變動；而在未來的二十年中，4.8萬億美元的財產將從第一代轉移到第二代，這會是美國歷史上最大的一次代際財富轉移。

（3）年長的家族企業股東中有25%的人除了立有遺囑之外，尚未做任何財產規劃；81%的家族企業希望企業仍掌握在家族手中，但是有20%的家族企業對把企業托付給下一代沒有信心。（資料來源：ffi.org/looking/fbfacts_us.html）

這些問題意味著諮詢顧問有許多工作要做，以幫助家族企業在未來成功。

除了契合那些與家族企業合作的有同樣想法的專業人士的需求之外，1986年美國家族企業學會和1990年歐洲家族企業網路的成立，也是對家族企業所面臨的挑戰的回應。這些組織有助於該領域的發展，其成員包括學者、顧問和家族企業，他們共同闡明該領域中的最新實踐。自從這些組織成立以來，家族企業研究和諮詢實踐已經吸引了眾多領域的專業人士。目前全球大約有1100名家族企業顧問和超過150個家族企業論壇在為家族企業提供繼續教育。（資料來源：ffi.org/looking/fbfacts_us.html）

這些企業充滿精力、不斷變化的特點，使與家族企業有關的信息的需求變得重要起來。例如，莎倫·尼爾頓（1995）在《國家商業》上指出，在過去的十年，家族企業：

（1）更瞭解什麼能讓它們成功；

（2）更願意把自己看作是家族企業；

（3）正在採取或知道需要更專業的營運；

（4）更多地被女性管理；

（5）更具有全球視野，獲得了更多政治影響；

（6）反應了家族定義的變化。

因為這些變化，我們看到了學者和顧問研究和幫助家族企業的興趣激增。

處在多個邊界上提供諮詢：家族企業顧問的角色

不同種類的顧問存在於家族企業三個不同系統中——往往好像這三個系統各自獨立、互不相同。圖 1.2 說明了顧問通常在哪個領域開展工作。

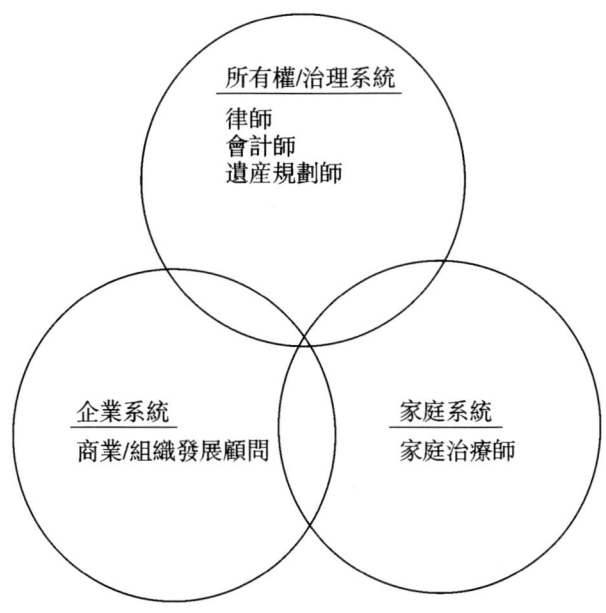

圖 1.2　家族企業顧問的角色

如圖 1.2 所示，諸如戰略規劃、市場營銷和營運領域的企業顧問只是嘗試提升企業系統的功能。組織發展顧問的大部分工作也是在商業系統中開展。律師、會計師、遺產規劃師往往發現自己只關心企業被誰所有和治理。家庭治療師則主要關注家庭健康，改善家庭關係和家庭成員個體的

功能。

　　家族企業顧問和上述只在一個系統中開展工作的顧問的區別就是，家族企業顧問在這些系統重疊的領域裡開展工作。例如，家族企業顧問可能幫助一個陷在衝突裡的家庭，因為他們不知道是否應該把對方當作是家庭成員還是雇員。顧問可能讓客戶參與繼任規劃以確保兼顧家族、企業和股東的需要。顧問還要確保家族能夠合適地參加董事會和監控董事會的效果。

　　為了說明為什麼家族企業顧問必須具備多系統的視角（Systems Perspective）才能有效地給予家族企業領導建議，我們來看下喬治亞·懷特和約翰·懷特的例子（化名）（戴爾，1992）。約翰和喬治亞創辦了一家非常成功的零售企業，企業發展迅速，價值幾百萬美元。因為約翰和喬治亞經常乘坐私人飛機，所以擔心如果自己遭遇空難后會對企業造成影響。於是，他們聯繫了會計師事務所，得到的建議是將49%的股權轉讓給他們的子女——大多數都只有十多歲——每個孩子獲得這家價值幾百萬的企業的49%股份中的五分之一。這樣一來，如果他們死了，就可以避免遺產稅。當然，約翰和喬治亞相信他們不會死於一場事故。而且，除非他們老了，子女也不會取得遺產。不幸的是，懷特夫婦和會計師都沒有考慮到公司所處行業的波動，或者孩子們的成熟度。因為不可預見的經濟逆轉，懷特夫婦被迫出售公司業務。而擁有公司幾乎一半股份的子女一夜之間變成了百萬富翁。喬治亞·懷特如此評論這種結果對她的家庭帶來的影響：「如果我今天還能改變什麼，第一個改變就是，如果我知道會出售公司的話，我不會給我們的子女49%的股份。他們應該自己掙錢、接受教育、選擇職業、購買第一套房、努力工作買家具、找到方向、最后成就他們的目標。這樣他們才能夠真正明白靠自己成功的那種興奮感。但現在，作為父母，我們感覺到已經在這方面失去了控制，而且給他們造成了很大的傷

害。這是我們最大的擔憂。當然，他們可能會對我這樣說感到吃驚。他們現在十分激動有這樣好的機會買新房、每天打高爾夫、做任何他們想做的事情。但是，他們太快地獲得了太多的錢，這在未來對他們是一個魔咒。這是約翰和我最大的擔心。他們不知道也不理解成功的真正價值。」（戴爾，1992）

這個案例說明了普通顧問只考慮一個系統會造成何種結果。會計師給懷特夫婦的建議，目的是減少稅負，但他們沒有審視企業可能在某種市場情況下被出售的可能性，也沒有想到一大筆意外之財給孩子們造成的影響。懷特夫婦得到的建議很糟糕，所以現在必須深思「如果當初怎樣，會得到什麼結果」。

在接下來的一章，我們將探討健康和非健康家族企業的特徵，給顧問提供一個能評價家族企業有效性的框架。

第二章　健康家族企業的特徵

因為家族企業有幾個複雜的系統，而家族企業顧問又是在幾個系統的邊界上開展工作，所以諮詢顧問對家族企業的諮詢需要對這些企業有獨特的理解。家庭治療師和顧問薩爾・米紐慶就承認家族企業的複雜性。他在接受《家族企業評論》的一次採訪中把家族企業比喻成「俄國小說」——其中有許多陪襯情節構成了完整的故事，而且這些情節同時進行（蘭斯伯格，1992）。挑戰就是鑑別這些情節並管理好我們對此的反應。把它們簡化成情景喜劇一樣的簡單故事情節會很大程度限制我們的能力去合作、創造和管理類似莎士比亞劇作中的挑戰。即便到今天，雖然家族企業自豪地宣傳家族企業這種身分，但如果它們認為需求並沒有被完全識別和理解，那麼它們的擔心是有理由的。

在本章中，我們會通過闡述家族企業的優勢和劣勢來更全面地探討家族企業的動態關係，特別是健康和不健康的家族企業的特徵。對剛開始幫助家族企業的顧問來說，他們需要建立起出一個全系統健康（System-wide Health）的標準框架來比對客戶的情況與健康組織的情況。

健康的家族企業

諮詢顧問要理解如何更好地為家族企業提供建議，關鍵是要理解健康和不健康的企業分別是什麼樣。蘭斯伯格（1999）在《世代相傳》中把

成功定義為「愉快地在一起掙錢」。一家健康的家族企業不會被拴在衝突的死結上，而是成員之間相互信任、對未來充滿信心，能夠充分利用各自的能力和知識。

以下列出了一個健康家族企業系統的特徵：

家庭功能

（1）個體能夠管理好自己，以及管理好和其他成員的關係；

（2）通過相互支持與信任，家族有能力解決衝突；

（3）工作與家庭之間的邊界合理且受到尊重；

（4）聰明地運用知識，而不是受到未解決的關係問題的阻礙；

（5）開放和明確的溝通；

（6）個體具有靈活性，能夠聰明地用好顧問；

（7）家族有能力做出決策和向前進步；

（8）家族有清晰的目標並能駛向目標；

（9）家族有明確的方向和優秀的領導；

（10）管理良好的、儀式性的過渡；

（11）代際間的界限合理並得到尊重。

企業管理

（1）知識得到發展，並且作為集體智慧在組織中流動；

（2）組織及其成員能利用知識去適應變化的環境，打造可持續的、有競爭力的業務優勢；

（3）依據知識和專業做出決策；

（4）組織學習發展出新的能力和有效的行為；

（5）責任與權力平衡；

（6）領導才能遍布整個公司或家族；

（7）較早地規劃繼任。

企業治理與所有權系統的發展

（1）清晰的使命和目標；

（2）有家族外成員參加的、運行有效的董事會；

（3）有合理的代際間繼任和所有權轉移的計劃。

家族企業系統之間的邊界有效

（1）企業把家族的價值觀整合進戰略規劃；

（2）邊界能被滲透，使信息在不同系統之間合理交換；

（3）每個系統都通過價值觀和目標來控制路徑；

（4）企業的問題不會牽扯進家庭，家庭的問題也不會牽扯進企業；

（5）系統之間相互學習（家族的學習流入企業，企業的學習流入家族），並且轉化為行動；

（6）家族每一個成員明白其他人的核心能力，也明白公司的核心能力。

　　威廉姆斯家庭可能算是一個健康家族企業的例子。這個企業由一位擔任董事長的母親領導，三個姐妹共同經營。家庭成員之間互愛互重，每個人都在家族企業中成長並且清楚其他人的角色。她們定期溝通，儘管在業務上存在不同意見，但並不會影響她們的家庭生活。因此，她們定期團聚和度假，企業也不斷成長。姐妹們定期碰面評估業務表現，解決問題。她們從家族外面找來專業人士——尤其是在財務領域——幫助企業營運。她們還有一個能發揮作用的董事會，其中包括具有特殊專業能力、能為企業

高級經理提供方向的非家族成員。家族價值觀既在家族成員中溝通，也與非家族成員分享。從許多方面看，她們的企業成了家族價值觀的延伸。此外，家族還採取行動保護自己免於不可預見的事件，比如關鍵家族成員的死亡和能力喪失。她們已經制定了一個在未來能幫助領導權繼任的程序。家族成員常常表達自己對作為家庭一員的驕傲，以及與家庭成員一起工作的歡樂。

不健康的家族企業

與威廉姆斯家庭相反，戴維斯家庭則是另一回事。企業的創始人吉姆·戴維斯向家族企業顧問這樣描述他的境況：「我讓我兒子在企業中工作了一段時間。最近，我覺得他行為不端，於是把他開除了。我妻子對此心煩意亂，把我趕出家門。我現在只能睡在辦公室的沙發上。還有，我的企業已經有幾年沒有發展了。有時我感覺一大堆不得不做的工作能把我壓垮。我既沒有董事會也沒有其他人可以尋求幫助。我該怎麼辦？」吉姆對家族企業的描述突顯了不健康的家族企業的關鍵特徵。我們可以把這些特徵歸納如下：

（1）家族溝通技巧差，不能管理衝突；
（2）家族成員之間缺乏信任；
（3）家族的目標和價值觀不清晰；
（4）家族成員的角色和義務不清晰；
（5）企業缺乏方向感，也沒有戰略規劃；
（6）企業缺少足夠的專業人士，家族試圖包辦所有事情；
（7）幾乎沒有考慮繼任計劃；
（8）家族成員和非家族成員之間缺少合作；

（9）缺少一個有效的董事會；

（10）對關鍵問題無處尋求建議和幫助；

（11）家族爭議波及企業，或者企業爭端波及家族；

（12）工作與家庭的邊界不清。

以上是家族企業可能存在嚴重問題的少數關鍵警示信號。在第三章裡，我們會進一步探討如何診斷家族企業的健康性。

家族企業的優勢與劣勢

儘管我們理解引起家族企業健康和不健康的情況會有幫助，但大多數家族企業不能被歸為完全的健康或者不健康，因為每一家都有自己的優勢和劣勢。就像硬幣的兩面，我們確實需要審視家族企業的優勢和劣勢才能最好地理解其獨特性。家族企業的一個特殊維度到底是優勢還是劣勢取決於三個因素：①多大程度上管理著家庭與企業的邊界；②每個系統的健康性；③在邊界的交互界面上，多大程度阻礙或鼓勵適應和學習。表2.1列出了家族企業的不同維度，以及與之聯繫的優勢和劣勢。

表 2.1　　　　　　　　家族企業的優勢和劣勢

維度	優勢	劣勢
基本面	非正式、靈活、具有企業家精神、創新	不清晰、混亂、邊界問題、不決斷、抵制變化、管理方面沒進步、沒有組織結構圖
角色	通常具有多種角色、靈活、雙重關係、快速決定	角色混亂、完不成工作、裙帶關係、學習和客觀性的雙重角色、家族與生俱來的權力導致不勝任的家族成員占據職位
領導力	創造、野心、非正式權威、企業家精神	專制、抵制結構和體系、不想放手

表2.1(續)

維度	優勢	劣勢
家族的參與	有承諾、忠誠、共享的價值觀和信仰、家族精神、名聲和夢想、強烈的使命感/願景	不能把家族爭議放在業務之外、不能平衡家族和企業的流動性需要、缺乏客觀性、向內的視角、情感主導決策、不能將工作和家庭分開、內部抵制
時間	長遠視角、承諾、耐心資本、忠誠、深層的聯繫、基於時間建立的信任	很難變化、傳統約束、家族歷史影響企業決策、信任會受到早期的失望影響
繼任	培訓可以早期開始、一生的輔導、可以選擇合適時間離開企業	家族爭議會介入、不願放手、選不出繼任者
所有權/治理	封閉、家族所有、高度控制、收益是激發因素	可能為了控制權犧牲發展、不必回答股東問題、通常沒有外部董事會成員、高度重視隱私
文化	創新、非正式、靈活、有創造力、適應性、共同語言、有效溝通	創業者的角色扼殺創新、低效、高度情緒化、抵制變化、被動、衝突的高風險
複雜性	可以培養創造力、角色和目標的大量互動	必須管理以避免混亂、可能流失資源和能量

我們接著按順序說明這些維度。

基本面。家族企業的基本面通常比較隨意、面對面，甚至可能包括「耳邊風」！這種情況如果管理得當，會產生能夠培養創造力和創新的、非正式、高度聯繫的氛圍。但劣勢是角色往往不清楚，可能有關誰做什麼事之類的衝突會加倍，隨意可能變成粗心，職業道路可能不清晰。不管是源於對官僚機制的厭惡或者缺乏正式營運系統的知識，結果產生的不正式會加劇家庭衝突、影響效率、促使產生一種基於危機的、被動的回應現實的途徑。

角色。家族成員至少具有四種角色：家庭角色、企業角色，以及在這兩者中的任務角色與情感角色。任務角色是指分配的工作；而情感角色通常是由指人的個性引起的角色，可能是個和事佬，或者喜劇演員，或者悲觀主義者，或者樂觀主義者。出生的先后順序也可能影響到所扮演的角色（佛爾，1977；勒曼，1992；托曼，1976）。此外，家族成員通常願意做能夠讓公司成功的事情。這種情況很常見，特別是在年輕的小公司中。大家會看到企業主自己打銷售電話、跑腿、嘗試獲取資助，其他家族成員或雇員也會如此。當家庭角色和工作角色混淆時，角色衝突就會對企業造成傷害。兄弟姐妹之間的爭議會在家庭中激起怨憤，在董事會或管理會上爆發。斯圖·里奧納德給了一個平衡多種角色的例子，他曾經把表現不好的一個兒子叫到辦公室，指著辦公桌上的兩頂帽子——一頂上寫著「老板」，另一頂上寫著「父親」。斯圖戴上寫著「老板」兩個字的帽子說：「我已經對你差勁的業績表現提出過許多警告，但你沒有改進。所以，你被開除了。」然后，他又戴上寫著「父親」的帽子說：「兒子，我聽說你被開除了。有什麼我能幫你的嗎？」（戴維斯，1990）

領導力。第一代家族企業中的領導是有企業家精神的創始人，他們通常採用非正式的方式領導，並且抵制結構和體系。沙因（1983）認為企業家是有直覺、沒耐心、容易厭倦的人。儘管下一代的成功很大程度依靠第一代人的訓練和輔導，以及繼任計劃的有效實施，但這樣的領導會阻礙下一代的獨立性。通常情況下，在后面幾代，領導權演進為更職業的經理人風格，或者形成兄弟姐妹團隊或同輩人的組合（蘭斯伯格，1999）。儘管有效的兄弟姐妹團隊的回報高，但達成這種有效團隊的道路令人卻步。正如一個試圖與她的兄妹共事的客戶問道：「我們怎麼才能做到？我們怎麼才能解決這些問題？我們正在努力嘗試，但是我想父親是唯一的一個老

板時事情要容易實現得多,他不需要同其他三個人分享和制衡權力。」

家族的參與。家庭的角色提供了一個重要的維度。與通常阻止家族的參與以及政策上防止裙帶關係的非家族企業不同,家族在家族企業中扮演著完整的角色。家族成員在意家族在社區和行業的名聲,他們共享價值觀和信仰體系,認同他們的身分,知道自己希望成為什麼樣子,以及要保留企業的哪些傳統。但是,這些承諾並非沒有代價。有時候,家族成員的收入低但工作時間長,因此產生不滿。第二代成員感到不公平時會引發敵對情緒或行為。太多親密無間的關係往往會引起衝突,或者導致家族不能看到更大的圖景,或者意識不到環境的變化。因為家族企業更容易是個封閉系統,不太情願向外部尋求幫助或者去審視更大的經濟環境,這些問題對家族企業而言就特別真實了。例如,《烈火之靈》經常被用來教育家族企業。影片中的父親拒絕聽孩子們的話,因為他們警告父親當前的項目太貴,會毀了公司。而父親想堅持老路子、老眼光,不承認這個項目會導致企業破產。他把孩子們的反對視為背叛,並堅持做這個項目,最后幾乎毀了企業和家庭。(大多數影像店都出租這部電影)

時間。時間有多個維度:家族歷史、未來的夢想和計劃、現在的情況。家族企業的非正式性通常有助於更快地適應市場。儘管企業可能還年輕,但是家族已經有了很長的歷史,能夠為企業夢想提供長遠的視角和相互間的忠誠。此外,家族所有者可能願意放棄短期財務收益,以鼓勵業務未來的增長和穩定。但是,家族傳統可能對企業來說合適,也可能不合適。家族歷史還有可能在情感層面上影響重要決策和個體在企業中的角色。時間作為一種象徵,可以在家族靜修會上用來榮耀過去、著眼現在、創造未來。

繼任。糟糕的繼任計劃是家族企業高死亡率的主要原因之一。值得注意的是，家族企業的 CEO 比公眾公司 CEO 的任職時間長六倍（克里夫，1998）。一個長時間的 CEO 任期使得正式的繼任計劃在正式繼任程序前幾年就開始。但不好的地方是這種繼任計劃是自願的，需要企業創始人讓權、有選擇繼任者的勇氣，還要取得家族對繼任計劃的支持。儘管阿瑟‧安德森家族企業中心主任羅斯‧納格爾的一些證據表明，家族企業正在財務上變得更加複雜，CEO 們並沒有變得更情願參與繼任和戰略計劃（克里夫，1998）。柯林斯和波拉斯在他們對高瞻遠矚公司的行為的經典研究《基業長青》中提到一個有趣的發現：「在高瞻遠矚公司裡自行成長起來的管理規則遠遠超過對照公司。這一點一次又一次地粉碎了自己人沒有重大變革和新鮮構想的慣常看法。」在家族企業中培養新領導人的可能性存在於做繼任計劃的時候。

所有權/治理。既然處於發展早期的家族企業通常是封閉持股和私人所有，所以企業主對公司有絕對的控制權。治理結構建立在創始人的決定之上，並取決於他們的領導能力和領導風格。約翰‧沃德（1997）提到，拒絕外部董事會可能是基於對未知的恐懼、對失去控制權的擔心、官僚制度的阻礙，或者有太多工作而無心顧及。但是，研究表明有家族外部成員參加的董事會對成長中的家族企業的長期成功至關重要。

文化。組織文化，或者說組織的個性，比較複雜並且分為多個層次。沙因（1983）解釋說，家族企業包含了創始人在企業早期的價值觀、風格和精神，通常具有創造力、不正式，而且經常變化，但也會反應出其個性中不健全的一面。一般而言，溝通要建立在相互信任的基礎上，家族成

員認為不需要員工手冊或者操作手冊。家庭成員的知識隱蔽在水面以下，很少被質疑或者評估。

複雜性。複雜性在家族企業裡可以是負擔也可以是資產。一方面，它帶來企業和家族目標和角色的大量互動。另一方面，它也是帶來家族價值觀和企業價值觀交鋒的誘因。複雜性會促進企業發展，也可能因為阻礙家族企業學習和適應的系統能力而使發展停滯。家庭的功能與企業的組織之間有強烈的相互影響。在《家族企業評論》的一個有趣的研究中，戴恩斯、猶克、基恩和阿巴斯諾特（1999）發現企業與家族之間的衝突程度會對企業是否成功達成目標產生影響。但是，角色、關係、所有權、管理和家庭系統的重疊，以及不斷增加的情感因素並不會必然導致功能失調的程度增加。關鍵是家族企業要有管理衝突和開放面對相伴隨的機會的系統性能力（謝爾曼和舒爾茨，1998），為了達成這個目標，家庭和企業必須能夠共同有效地工作。

有關家族企業相對優勢與劣勢的討論可能已經開始使顧問對嘗試確定家族企業健康性的顧問有一點感覺。現在，我們要把注意力轉向家族企業諮詢的過程。

第二部分

家族企業諮詢

第三章　諮詢合同與評估

　　七十五歲的莫特・托馬斯已經在珠寶行業工作了近五十年。他最初和叔叔一起工作，四十五年前自己開了一家珠寶店。多年來，業務不斷增長，莫特現在一共擁有八家珠寶店，年收入接近 1200 萬美元。六年前，妻子謝莉在與癌症抗爭了兩年后去世了。在謝莉生病的時候，莫特開始考慮減少工作量。謝莉的去世對他打擊很大，使他改變了對退休的想法。他不斷思考：「我手上還有的這些時間應該用來做什麼？」他們曾經打算搬到西南部地區，在那裡他們有一套公寓，還有五十五歲的女兒哈利特和她的丈夫以及三個孩子。

　　莫特的兩個兒子，四十八歲的馬克和四十四歲的史蒂夫，目前也在珠寶店工作。馬克任總經理，史蒂夫負責市場和銷售。莫特作為總裁擁有公司全部股權。儘管他已經告訴所有人，馬克會接任總裁的職位，但他還沒有做任何正式的繼任和遺產計劃。兄弟倆天天在公司爭吵，都單獨向莫特報告。莫特試圖調解他們的不和，但都沒有成功。莫特說兩個兒子的衝突都快「殺死他了」。如果他倆不能表現得像成年人，關係相處好一點，他簡直無法考慮繼任計劃。非家族成員也被捲入兩兄弟的爭鬥，整個企業的士氣變得前所未有的低落。

　　儘管莫特不再有任何正式的責任，但他還是每天都到辦公室。馬克提到說，莫特要把我逼瘋了，因為他還想介入每天的營運。儘管有這些問題，企業還是在持續擴展和盈利，帶給一家人不錯的生活。但是，家庭問

題開始擴散到企業。在企業工作了十五年的一家珠寶店經理湯姆威脅說要離職。人力資源總監試圖讓兩兄弟主持高管會議，但是會議總在爭吵中結束。莫特只有少量的存款和退休金，他所有的財產都在企業裡。他的律師戴維與他共事了三十年，已經放棄了勸他做一個遺產計劃。多年來，莫特已經和孩子們達成一個秘而不宣的協定，就是只要孩子張口，莫特就會借錢給他們。莫特說他就是說不出「不」字。莫特的一個朋友也在這家珠寶店工作。他在一次遺產計劃會上聽過簡的演講。他知道莫特的問題，而且也把簡的電話號碼給了莫特。當馬克要求莫特提供 21,000 美元的貸款時，莫特找到了簡。

這是個典型的家族企業案例。呈現的問題比較複雜，對顧問提出了以下問題：

（1）我能否獨自處理這些問題？如果不行，我需要哪些人加入這個團隊？

（2）從何處著手？

（3）誰是客戶？應該從家庭開始還是從企業開始？

（4）如何幫助他們解決衝突？

諮詢過程

家族企業諮詢的路徑不止一條，但我們用的一個方法是組織變革中常用的評估和變革行動研究方法的修改版。因為步驟有重複，所以我們用圖 3.1 的循環來表示。

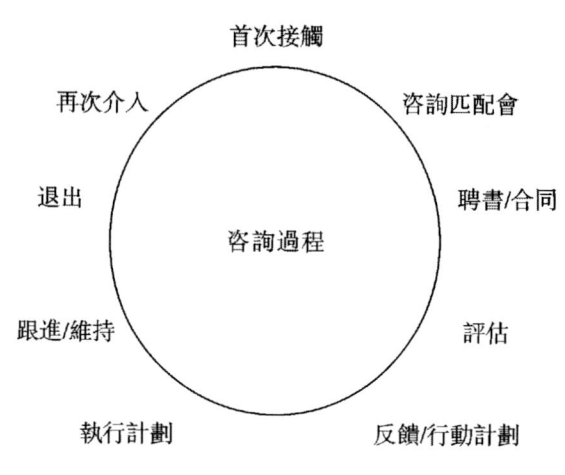

```
            首次接觸
    再次介入        咨詢匹配會

  退出                  聘書/合同
            咨詢過程

  跟進/維持              評估

    執行計劃        反饋/行動計劃
```

圖 3.1　諮詢過程

在本章中，我們將討論諮詢過程最開始的四個階段：①首次接觸；②咨詢匹配會；③簽訂合同；④評估（注意：變革過程通常不會以線性順序發生，但仍然有必要理解基本原理，以便對意外、突發事件和看上去似乎隨機的事件有所準備）。在表 3.1 中，我們概括了和諮詢過程各階段相關的目標、問題、結果和風險。

表 3.1　　　　　　　　諮詢過程的最初四個階段

階段	目標	問題	期望的結果	風險
首次接觸	評估變革的動機，理解主要參與者的想法	誰承認這些問題？誰有影響力？推薦管道及如何被推薦？之前發生了什麼事情促使客戶打電話	約定諮詢匹配會的時間	低估了問題的複雜性，高估了自己的能力
諮詢匹配會	評估與客戶的問題、個性是否能很好匹配	什麼問題？客戶怎麼描述問題？其他人怎麼看？期望的目標和結果？家族為此改變打算投入什麼資源？他們對你和你的工作有什麼期望？變革的動力在哪裡	合作協議，從推薦過渡到聘用，開始建立信任	倉促得出結論，沒有獲得簽訂合同的充分訊息，沒有明確說出自身的偏好（比如，民主參與、公平、公開溝通、衝突的重要性）

表3.1(續)

階段	目標	問題	期望的結果	風險
簽訂合同	合同內容涵蓋工作範圍、時間、工作產出、客戶和顧問的期望	雙方對工作的共識？如何收費？工作範圍	簽訂合同	低估工作量、費用，關注的範圍太小
評估	獲得業務、治理、家庭的完整訊息，理解客戶提出的問題和真實的問題，拓寬視角、提供變革過程地圖	家族的願景？當期的主題？變革的動力（正向和負向）？真實的問題是什麼？他們如何能管理好數據（Meta 評估或者綜合評估）？要開展的工作和過程中可能的障礙	理解問題、介入的建議	對問題先入為主，沒有獲得全部三個體系的訊息，沒有看到技術解決方案，沒有識別多個實際情況，缺乏系統性洞見的能力，太局限在某個領域

首次接觸

第一次尋求幫助的接觸往往是通過電話開始的。要求幫助的人可能是參加了顧問主持的研討會、閱讀過顧問寫的文章、從熟人那裡聽說或者有其他人推薦。在與潛在的客戶首次對話中，顧問有幾個問題要回答：

（1）誰打來的電話？他/她的角色是什麼？

（2）推薦來自哪裡？這個渠道會如何影響你與客戶的合作方式？

（3）客戶的請求和問題？

（4）需要何種諮詢技巧？對方是否要求技術建議（信息）或者過程指導（指導過程和流程）？

（5）這個家庭/家族是什麼樣？（家庭基本面和關係）

最後，謹記一條格言「客戶打電話來不是要求變化，而是變化的結果」。潛在的客戶打來電話是因為他們已經經歷了生活中的某種變化，這種變化促使他們打電話給顧問。大多數客戶正在經受相當大的痛苦，促使

他們尋求幫助。因此，在初次接觸中確認客戶痛苦的源頭非常重要。根據我們的經驗，客戶尋求幫助大多數常見要求可以分成如下幾類（哈伯森和斯特拉坎，1997）：

（1）家庭衝突；

（2）缺乏清晰的目標和價值觀；

（3）家庭溝通和行為問題；

（4）繼任問題。

簡第一次與莫特是通過電話接觸的。這次接觸發生在兩兄弟一次激烈的爭吵之後。莫特說他從一個朋友那裡得到簡的電話。他希望簡能幫助他「停止馬克和史蒂夫的爭鬥，讓他們對自己表示一點尊重」。他還沒有繼任計劃或者遺產計劃，也沒有清晰描述馬克這個有確定繼承權的人的職位。莫特認為只要停止了兄弟間的爭鬥，這些問題解決起來都比較容易。簡說她願意去見莫特、馬克、史蒂夫和哈利特，以便盡可能看清楚情況。她還說明了諮詢過程，安排了一次家庭會議。但是，如果簡沒有必需的知識或者專業幫助莫特家解決他們當前遇到的問題，或者感覺莫特的目標不合適，她可能會讓莫特去找其他能夠解決這些問題的專業顧問。當顧問不能解決客戶問題時候，感覺自己不能勝任或者不太適合面對當期的問題時的最好決定就是把客戶推薦給其他顧問。

諮詢匹配會

顧問與客戶初次接觸之后，就要組織會議更詳細地討論客戶所面臨的問題。在一些案例中，顧問可能需要邀請家族企業中多個成員參加，以澄清問題和界定真正的客戶。這個階段的介入目標首先是界定客戶。這不像看上去那麼簡單，因為可能每個專業人士界定的客戶都不相同。隨著家族

企業諮詢的演進，認為應該把家族企業系統作為客戶的觀點逐漸增加。但是，許多為家族企業做諮詢的治療師把他們的工作界定成，為在企業中工作的家族提供諮詢。法律專業人士有界定客戶的明確指引，但是也會面對家族企業系統需求提出的挑戰。以往相關的會議和研討中大部分時間被用來討論這些問題：「誰是客戶？家族？企業？還是企業主？」我們認為應該是家族企業系統。但是，我們在每一個諮詢任務中都需要徹底、仔細地考慮這個問題，因為對客戶的界定會影響工作效果。當客戶界定清楚以后，下一個目標便是協商工作範圍，明確客戶和諮詢顧問的期望，提出有關變革過程和抵制的風險，達成協議，澄清顧問的角色，以及界定顧問交付的工作成果。

在最初的會議中，重要的是建立信任和安全的氛圍，降低經常會出現的防備。無意識的過程和爭議等還潛藏在桌下的話題只有在建立起信任之后才會浮現出來。在托馬斯家族的案例中，這些爭議包括：①馬克好賭的習慣是在諮詢匹配會中揭示出來的，莫特過去一直都給他借款；②高層雇員中的挫敗感正在加強，他們感覺家族製造了一個「敵對的工作環境」；③哈利特則對父親和兄弟可能毀掉企業的行為感到憤怒和害怕。除非我們能把這些問題提出來讓大家都意識到，否則問題會一直被埋在下面得不到解決。防備的形式表現為否認、迴避、壓抑、替代、找替罪羊、投射，這些都被客戶用來迴避真實的問題。信任能夠減少防備，所以，獲得客戶的信任在第一次會議中至關重要。顧問在一開始需要通過以下方法來建立客戶的信任和安全感：①建立保守秘密的底線（除非得到同意，否則所有討論的事情僅限於這個範圍）；②明確行為規則（每個人都有機會表達意見）；③建立合作過程（我們要共同來解決問題）；④把客戶的精力引導在問題上，而不是針對其他人（我需要知道問題，然後專注在解決方案上）。通過這些方法，顧問開始為家族建立一種新的溝通方式——更加開

放和有效的方式。

因為顧問往往撕開了阻礙問題被拋出來討論和拒絕外部幫助的「密封條」（喬諾威克，1984）。這個會議創造了一個機會，不僅為解決老的家庭衝突打開了口子，而且也能獲得對每個家族成員以及他們各自家庭的最新感受。我們應該始終注意自己對這個系統的影響。事實上，當我們開始諮詢後又看到家族企業中的變化（不管是朝著健康的方向還是朝著失調的方向）是很常見的情況。

在諮詢匹配會中，顧問作為變革的推動者，應該闡明自己在變革過程中扮演的角色，包括：

教練。作為教練，顧問在工作中要教會客戶用新的溝通方法、設定個人和職業目標、確定這些目標是否與家族企業的目標一致。一個教練還要提供領導力訓練，協助解決存在的問題之間的關係，清楚地劃定家族與企業的界限。教練過程還包括推薦其他的專業人士，比如治療師、職業顧問或者財務顧問。

衝突管理者。扮演這個角色的顧問要和家族或者企業中很難與其他人共事或者因陷入衝突之中而阻礙了工作的一小群人打交道。其作用包括建立對話、解決衝突和增進溝通。

容納者或者包容性環境。這是由研究母子紐帶性質的溫尼科特（1987）提出的概念。這種包容性環境為嬰兒提供了安全與挑戰、保護與脆弱的平衡。最終，孩子把這些要素內化，並且發展出堅定的自我意識。健康發展（包括成長、學習、工作和愛的能力）的關鍵是包容性環境的質量。為了提供這種環境，顧問能夠容忍當系統發生變化時的不確定性和焦慮。

為變革存在的過渡對象。這個角色類似容納者，要求顧問在變革過程中能夠保持平靜，能夠管理自己的情感，同時鼓勵、支持客戶。這個角色還要求顧問要有能力區分與變化相關的正常焦慮和病態反應的信號。舉例來說，在繼任過程中，創始人的焦慮感不斷加深是正常現象。但如果在此過程中有明確的信號表明繼任的下一代沒有能力接管企業，或者創始人繼續積極介入業務、破壞繼任過程，顧問必須就要超越過渡對象的角色範圍，積極幫助企業找到解決辦法。例如，顧問要評估繼承人是否有能力、有意願接管，或者幫助創始人放手前行。

老師。家族企業顧問在整個過程中都在教學。我們發現在第一次會議上，對家族企業獨特性的簡單教學模塊，以及成功和失敗的統計數據，有助於讓家族看到他們並不像自己所擔憂的那樣不正常。三系統模型（圖1.1）能夠幫助家族成員看到他們所面臨的情況的複雜性。我們經常會讓家族成員在最能代表他們角色的一個圈或幾個圈裡打叉。教學與培訓是整個諮詢過程中不可分割的部分，內容涉及有效溝通問題、公平報酬、主持家族委員會會議來組建顧問委員會、解決非家族成員經理人的需求和擔心。

提出尖銳問題。在諮詢的早期，很重要的一點是確立你提出尖銳問題的角色（「為什麼馬克張口就能要到 21,000 美元？」「哈利特對父親和兄弟在企業裡的表現如何看？」「有人擔心雇員會離職嗎？」「誰注意到了馬克好賭？」）。顧問在一開始提出這些問題很重要，相當於提醒家族成員。這也是顧問工作的一部分。

一旦工作開始后，顧問在家族成員之間建立起了信任，設定好了互動的底線，就可以繼續通過以下的方法幫助客戶了：

（1）澄清式溝通。例如，每個人都會為自己辯護，要通過問「你怎麼想的？你有何感受？以及你知道的事實是什麼樣的？」來辨別。顧問可能一開始需要重複問所聽到的每個人的話。

（2）鼓勵積極的問題解決方法。例如，如果出現異議，我們同意通過這種方法來解決。這種方法可能是投票，也可能是達成一致，也可能是聽最有發言權的人的意見，或者其他方式。

（3）挑戰家族看待問題的方式並提出解決方法。這些辦法可能包括召開定期的家族委員會會議或者高管會議、學習如何有效地開會以及如何做出公平的決定。如果我們關注家族互動的過程和程序，我們希望他們能夠開始解決自己的問題，創造解決問題的結構化方法。之后，我們在每個系統（家庭、所有權、企業）中建立和實施這些結構化方法和機制，提供方法和機制來規劃、解決問題，管理衝突。結構化方法是諮詢過程不可或缺的部分。例如，如果會議中發生衝突，但我們已經有了應對的機制。在這種情況下，我們就能管理衝突，避免轉移大家對會議議程的注意。這些機制的建立可能包括線下的衝突管理教練，在顧問輔導下進行玻璃魚缸對話，或者通過「會后再來解決」的勸告來停止衝突。這些體系性方法在所有權體系中可能包括外部董事會，在企業體系中則可能是對家族成員的績效回顧和公平報酬。評估會決定需要何種結構化方法。

與托馬斯家族的莫特、馬克、史蒂夫和哈利特的兩小時諮詢匹配會的議程如下：

（1）會議導入和基本規則

（2）三系統模型

（3）問題描述

（4）諮詢過程描述

（5）目標

（6）下一步計劃

在諮詢匹配會之中和之後，顧問應當回答以下問題：

（1）誰是客戶？

（2）你和客戶適合嗎？你的技能能否適合客戶的需要？是否需要其他人加入團隊？

（3）你喜歡這個家族和它的成員嗎？

（4）他們對自己的問題如何界定？

（5）是否有動力和承諾來改變？動力在哪裡？

（6）誰最有權威？誰有正式的權力和非正式的權力？

（7）如何建立安全感（比如，「有人推薦你們來尋求這個幫助」）或者緊迫感（「如果不解決這些問題，事情只會變得更糟」）？

（8）客戶是否理解諮詢的合作性質？

客戶必須意識到他們的參與是諮詢過程中一個不可分割的部分。

回答了這些問題之後，如果你發現和客戶非常匹配，就可以進入下一個階段，撰寫建議信或聘用信。如果你在回答這些問題上感覺不順利，你可能需要收集更多的信息，甚至重新再開一次會以便更好地瞭解客戶的需求和問題，以及對諮詢介入的態度。如果你發現和客戶不匹配，那就要麼取消約定，要麼推薦更合適的顧問給客戶。

建議書/聘書/合同

建議書和聘書用來澄清顧問與客戶之間的關係和合同性質，迫使顧問界定客戶。這通常對於律師和家庭治療師來說有難度。因為儘管他們為整個家族系統的利益工作，但可能仍需要確定一個單一個體作為客戶。文中要概括將要履行的工作和顧問對客戶的期望，還有將要花費的時間、費用、工作量、支付方式等。最后，建議書或聘書要明確誰來做雙方的對接人（行政、日程、會議準備等）。示例 3.1 展示了一份典型的建議書/聘書。

示例 3.1　聘書樣本

2002 年 10 月 4 日

莫特先生臺鑒，

很高興與您、哈利特、馬克和史蒂夫面談。這封信簡要概括了我對您的需求的理解，以及對您想在家族企業內部解決的問題的建議。我發現這次會面很具有挑戰性。借此機會慎重考慮后，我想簡述一下為您定制的計劃。建議諮詢過程範圍的目的是指導您家庭的決策，以及對未來家庭和企業的戰略規劃。在這份建議書中，當我提到所述的服務時，其客戶是整個家族企業系統。這能讓我代表企業和擁有這家企業的家庭的利益開展工作。

背景

您在四十五年前創辦了閃耀珠寶，並和您的家人共同努力使企業成長

到現在的規模。您目前尋求幫助的具體問題是：

（1）改善馬克和史蒂夫之間的關係，從而使第二代家庭成員能夠更有效地經營企業。

（2）與馬克商議你們各自在企業中的角色。

（3）提升企業的職業化程度，讓企業更像企業，家庭更像家庭。這包括但不限於：明確職位描述、招聘和解雇政策、薪酬與福利包、員工手冊、高管/管理團隊建設。

（4）制訂一份包括遺產計劃在內的繼任計劃，同時考慮到哈利特、馬克和史蒂夫。

每一個家族企業都面臨獨特的挑戰。只有三分之一的家族企業能夠在第二代繼續存續，能持續到第三代的家族企業不超過15%。在許多家族企業中，家族問題與業務決定之間相互影響。任何您所聘用的顧問需要同時受過相關的訓練和具備與家族企業共事的經歷。

為了解決上述問題，我認為把諮詢過程分成幾個階段來看會更容易理解。我的建議如下：

第一階段：評估、計劃和設計

（1）單獨訪談和企業實地考察。這包括與您、哈利特、馬克、史蒂夫、主要顧問（會計、律師）、董事會成員和關鍵員工的一對一的訪談。這一步需要盡快完成。訪談之前，我希望能獲得有關企業的材料，以便更好地對企業所處環境有全面的評估。這些材料包括企業歷史簡介、基本財務信息、任何過去的顧問建議和其他您認為相關的材料。再結合訪談，可以讓我盡可能對公司有個完整的瞭解。

（2）反饋會議/行動規劃。我會準備一份包括評估和建議的報告，用來解決家庭和企業都關心的問題，還會提供一個框架來把業務正式化，以及對有效溝通、衝突管理、決策技術給出建議。我會在接下來的會議中用到這些指導原則。簡報在只有家庭成員參加的會議中提出。如果合適，我會邀請人力資源總監馬西亞·格林、律師戴維·理查德和會計師唐納德·懷特利來提供他們的建議。在報告之後，我會引導家族成員對這些問題進行一次討論，試著達成一些長期和短期行動的共識。很重要的一點是，這個解決問題的行動方案也是改善方案，因此，你們的輸入和參與至關重要。

第二階段：執行

這個階段中，我會和家族一起繼續執行在靜修會中採納的有目的的變革。但是，我想強調一點，對第一階段的評估會決定第二階段的工作開展方式。在執行過程中，我會發放教學和培訓材料給你們。

第三階段：后續評估

要確定一個可以順利過渡的時間表比較難。通常情況下，我們發現在一年之內組織一次小組會議評估比較有效。根據您的情況，會議需要您和您的家人參加。這一部分工作會提供進一步關於整體目標的評估，以及鞏固已經發生的積極變化。

費用和付款計劃

該服務按××/小時收費（含其他費用）。我初步估計第一階段的服務費用不會超過××。

我會提供時間和材料摘要，定期發給您帳單，讓您瞭解項目的費用情

況。這是我估計的最好的情況，我會持續就時間表與您溝通。

儘管根據我的經驗，后續階段對確保家族和企業在一定時間段內發生積極變化很關鍵，但第一階段以外的服務要根據您的需求來確定。這是客戶與顧問合作的過程。在正式工作開展之前，您需要支付一筆預付款。如果您同意這個建議，請簽字后回覆郵件並支付××預付款。我相信時間和資源的付出對取得成功很重要。

請注意這份建議書包括一系列服務。我可以根據您的期望進行調整。建議工作內容涉及內容（決定什麼）和過程（如何決定）。這兩者以及家庭成員在變革過程中都很關鍵。我能理解您的焦慮，希望能夠加快進程。但是，為了實現深度、持久的變化，我建議不要跳過任何一個必要的步驟。在過程早期的一些小的、有意義的變化會讓我們稍微安心一點。我想我們的過程能夠實現這一點。

我們鼓勵您向前看、從過去總結，去思考什麼對家族和企業最好，通過深思熟慮和戰略眼光往前走。我希望能有機會與您和您的家人共事。

順頌商祺！

評估與診斷

一旦客戶同意聘用你做顧問，真正的工作就開始了。對家族企業系統做評估是有效診斷客戶問題的第一步。評估包括以下幾個目標：①為家庭和顧問提供一張路徑圖；②對情況做出一個完整、現實的瞭解；③給家庭和企業成員一個講述的機會；④為家庭提供反饋做準備，列出優先要解決的問題；⑤評價任何客戶陳述的問題與你發現的真實問題之間的區別；

⑥了解在幾個系統邊界上工作的狀況；⑦評估顧問的參與對系統的影響；⑧確定家族能夠在多大程度上有效地利用反饋；⑨界定任何特殊的問題，比如需要推薦給其他專家解決的癮癖、個性、道德、法律和財務問題。

顧問應該要認識到評估本身就是一次重要的介入，因為它會影響正在研究的系統。比如，在簡和企業中的兩個二代家庭成員通過多次電話之後，最初聯繫她的這個大兒子打電話給她說：「前面的訪談讓我們再次對話。我想我們能想出解決問題的辦法。」簡回答說這種情況很常見，在有些情況下，家庭自己能夠看到和解決問題。但是，當家庭成員在解決問題過程中面臨挑戰的時候，以前的行為模式又會重現。她希望這家人可以自己解決這些問題，但是如果當事情卡住了需要外部幫助的時候，就給她電話。與這種情況相反的結果是，把系統的問題暴露出來也可能造成負面反應。一個家庭的成員就曾經對暴露的問題提出一連串爭論：「有什麼問題？」找到哪些工作可以幫助家庭、哪些工作會激怒家庭可以提供很多有助於評估的線索。

家系圖

家系圖是代際家庭治療師開發和使用的有效工具，它用簡潔有效的方式組織了大量的信息。麥克高德瑞克、格爾森和謝林伯格（1999）所著的《家系圖：評估與干預》一書中提供了他們使用家系圖去解釋諸如肯尼迪、弗洛伊德、羅斯福家族故事的清晰、綜合的討論。家系圖通常在評估階段的早期製作，或者在諮詢匹配會中與家族成員一起製作，這能使顧問理解和解釋從一代到另一代之間問題的傳遞、應對技巧、優勢和劣勢。家系圖有點兒像族譜，但又多了額外的符號來表示互動的關係。下面列舉了可能在家系圖中表達的各種信息。

家系圖的解讀

正方形代表男性，圓形代表女性。男性 = □，女性 = ○。

出生和死亡日期寫在表示人的圖標上。年齡寫在方框或者圓圈裡。去世的人就在圖標中打一個叉。大約的生辰日期就用？或者 1898 or ? 1989 來表示。

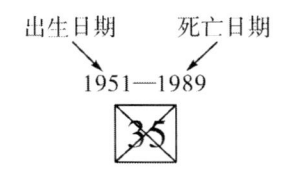

出生日期　死亡日期
1951—1989

夫妻用線連起來並在線上註明相關的日期。

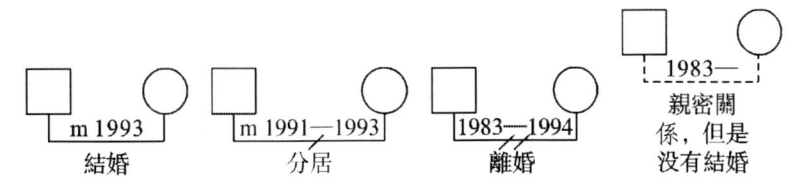

m 1993　結婚
m 1991—1993　分居
1983—1994　離婚
1983—　親密關係，但是沒有結婚

孩子按長幼順序從左至右排列。

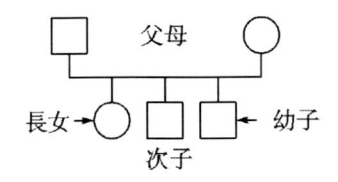

父母
長女　次子　幼子

示例

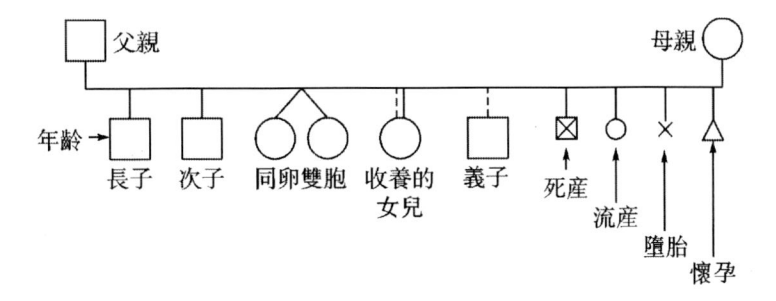

父親　　　　　　　　　　　　　母親
年齡　長子　次子　同卵雙胞　收養的女兒　義子　死產　流產　墮胎　懷孕

043

除了用線條表示親屬關係外，還可以用以下的線條來表示情感關係。

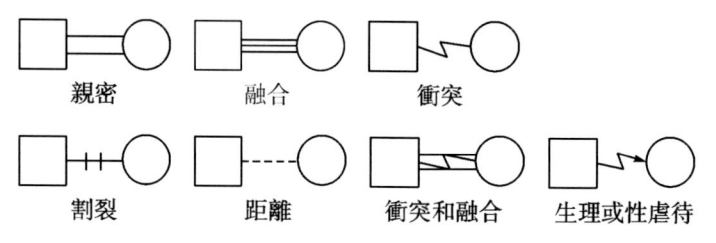

親密　　　　融合　　　　衝突

割裂　　　　距離　　　衝突和融合　　生理或性虐待

如果存在嚴重的精神或生理問題，就把圖標的左半部分塗上顏色。

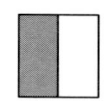

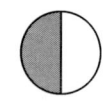

如果存在嗑藥或者酗酒問題，則把圖標的下半部分塗上顏色。

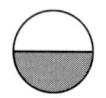

在真實的家系圖中，實際的關係看上去是這樣：

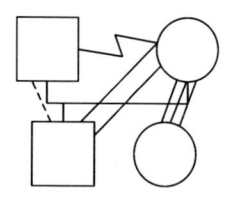

引自莫妮卡・麥克高德瑞克和蘭迪・格爾森的《家族評估中的家系圖》。W. W. Norton 和 Company, Inc 授權使用。

通過在家系圖中加入企業歷史，顧問就能夠展示企業對家族的影響，反之亦然。企業中的家族成員用一種顏色表示，如果他們有所有權和管理權，則用另一種顏色表示。我們至少需要繪製三代的家庭結構和發展歷程，突出強調具有關鍵意義的「節點」事件（生病、重要的人生變化、死亡、創業、重複的模式、家庭關係的轉化）。我們經常發現節點事件會同時發生（比如，父母死亡之后不久開始創業，或者在需要特殊照顧的孩子出生后離婚）。

除了能展示一段時間範圍內和跨代的行為模式外，家系圖的功能還有評估、教育、預測和干預。通過它，家族開始理解自己，並且把行為放置到背景中去審視傳統和歷史。家系圖還可以作為中和對某些負面行為的態度。比如，「爺爺的小家子氣」就會被看成是在大蕭條時期長大的結果。還有，家庭可能展現出一種面對壓力和挑戰的可預見的反應，這能夠幫助家族對未來發展中的危機或者偶發的問題做好準備。當你與家庭成員一起製作和回顧家系圖時，可以問一些有幫助的問題：「你在哪裡瞭解到這些情況的？」「你最喜歡誰？」「當她創辦企業的時候，家裡和外面的世界都發生了什麼事情？」「你對你祖父母的生活瞭解些什麼？」「你看到了企業家精神的哪種模式？」

　　總而言之，家系圖說明了：

　　（1）家族重複發生的問題和解決辦法；

　　（2）從他們的社會文化、歷史、經濟背景中看到家族行為；

　　（3）個人行為與多種因素相關：年齡、家庭地位、性別、生物遺傳等；

　　（4）節點事件和家族對此的應對會在一段時間持續地影響家族，並且有可預測性；

　　（5）家族和企業在代與代之間相互交織。

　　圖 3.2 是托馬斯家族的家系圖。

訪談

　　訪談對於理解家族企業的三個體系和回答由家系圖引出的問題來說有非常寶貴的價值。我們可以通過查看個體在企業、所有權/治理和家庭中扮演的角色，來確定需要訪談的關鍵人物。這些人群和他們在不同系統的關係見圖 3.3。

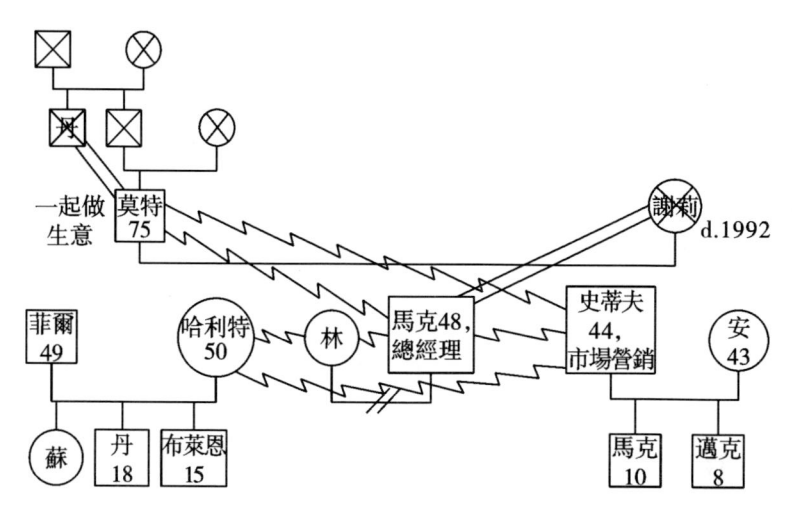

圖 3.2　家系圖的解讀

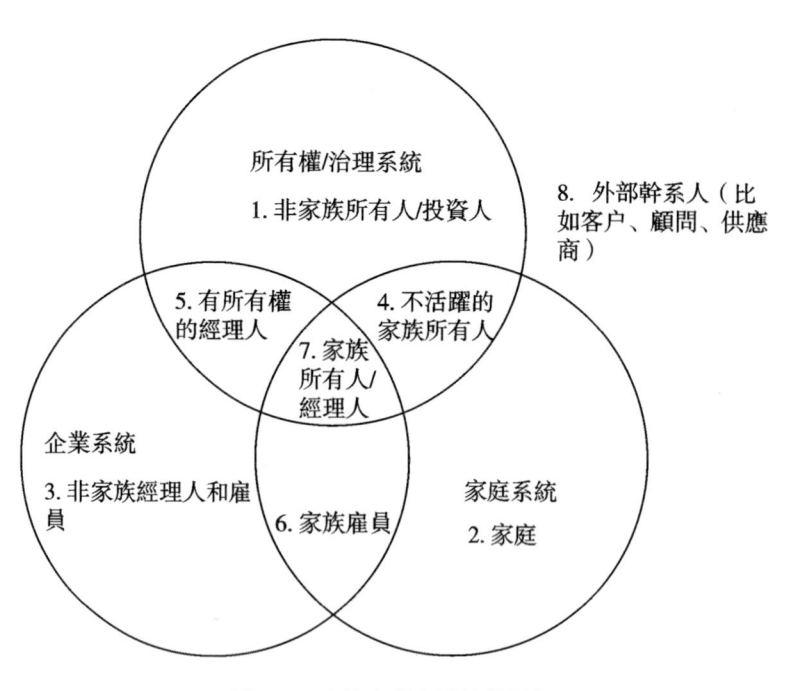

圖 3.3　家族企業中訪談的對象

以下角色的人通常可以為顧問提供最有價值的信息：

（1）非家族所有人/投資人：不是家族成員或者參與業務的所有人；

（2）家族：沒有所有權或者不在家族企業工作的家族成員；

（3）非家族經理人和雇員：在企業工作的非家族成員；

（4）不活躍的家族成員：有所有權但是不在企業工作的家族成員；

（5）有所有權的經理人：具有所有權並且活躍在企業中的非家族成員；

（6）家族雇員：沒有所有權但活躍在企業中的家族成員；

（7）家族所有人/經理人：在企業工作的家族所有人；

（8）外部干系人：客戶、供應商或者其他非家族成員，不是企業所有人的干系人，其他顧問、律師、會計師。

訪談的小建議

以下是我們在訪談過程中發現的有用的小提示：

（1）必要的時候訪談要匿名，但內容不用完全保密。主題、爭論點、問題要以簡要的形式組織，並在只有家族成員參加的會上陳述。因為家族裡幾乎沒有多個「長子」，所以，這種情況下很難真正做到匿名。因此，被訪談者要意識到他們提供的信息很可能被其他人確定出來源。

（2）顧問應當鼓勵受訪者承認和分享信息。如果受訪者不情願由顧問在背後向其他家族成員報告問題，你可以允許受訪者給出不被記錄的信息。這些信息有助於你與家族開展工作，但是，除非受訪者在公開場合提出了這個問題，否則不該由你去和其他家族成員溝通。在訪談之前有必要討論保留秘密的問題。我們通常會清楚地表明，保留秘密對顧問沒有幫助。如果家族成員有什麼想給顧問說，他們要理解我們會一起決定這些事情是否被公開討論，決定權是在他們自己手裡。但是，幫助客戶系統中的

成員承認他們的感情、觀點和信條對創造更公開、更有助於問題解決的氣氛來說至關重要。

（3）從多個現實情況中描繪出整個系統的全景。

（4）理解表述出來的問題（馬克和史蒂夫總是在爭吵）和真正的問題（沒有繼任計劃；兒子們得到的是混亂的信號；馬克的賭癮）之間的區別。

收集哪些訊息

在第一章中，我們闡述了三個體系中每一個的不同面。在訪談過程中，顧問應該嘗試去收集表 3.2 中所列的信息。

表 3.2　　　　　　　　　　　評估範圍

家庭	企業/管理	所有權/治理
角色和關係	使命	使命和目標
文化模式/價值觀	戰略	法律形式
制定決策	結構	所有權分配
溝通	技術	董事會
衝突管理	文化 體系（比如獎懲和訊息體系） 流程（比如溝通和決策流程） 領導力 財務狀況	領導力

評估問題

在訪談之前，我們通常會讓受訪者思考如下問題，幫助他們進入狀態：

（1）你認為家族和企業的優勢和劣勢在哪裡？

（2）你認為自己當前和未來在家族和企業中會扮演什麼樣的角色？

（3）你希望自己的角色是什麼？

（4）你個人的目標是什麼？你對家族的目標是什麼？你對企業的目標是什麼？

（5）如果你能改變家族企業中的三件事，你希望是哪三件？

（6）曾經都嘗試過哪些方法來解決家族企業的問題？

（7）這些方法有效嗎？為什麼有效？為什麼無效？

如果我們在訪談中加入了非家族成員，我們要把以上問題相應做些調整。示例3.2中展示了我們通常會問到的有關三個體系的問題。

示例3.2　訪談問題

家庭體系

角色與關係

（1）家庭成員承擔什麼樣的任務和扮演什麼樣的情感角色？

（2）這些角色有靈活性嗎？

（3）家庭關係是合作、競爭還是敵對？

（4）是否存在相互信任？

（5）有沒有家族規則、規範或者對行為的理解？

（6）家族成員在公司以外的生活？興趣愛好？

文化模式/價值觀

（1）家族和企業的核心價值觀是什麼？是否相互匹配？

（2）家族文化是如何被學習和傳授的？

（3）這些價值觀是如何在結構性方法的建立、資源、法律和財務決

定中表達出來的？

(4) 如何對待不道德的行為？

(5) 家族的種族背景及其如何影響到家族和企業的風格與文化？

(6) 社區如何看待家族？名聲？

(7) 鼓勵個人主義嗎？還是集體更加重要？

決策

(1) 怎麼做決定？

(2) 是否開放溝通？隱私是否在恰當的時候得到尊重？

(3) 無視或延遲艱難的決定？

(4) 如何保持結構性方法來鼓勵開放和成就精神？

溝通與衝突管理

(1) 如何管理衝突？

(2) 有未決衝突的歷史嗎？

(3) 家族和企業如何應對不同的意見和風格？

(4) 是否有自信用安全、有效的方式處理分歧？

(5) 敏感問題是否能公開討論？

(6) 既有講述的人也有聆聽的人？

(7) 父母是否給出混亂的信息？（我們希望你變成一個獨立的人，但是不要承擔責任）

企業體系

使命

(1) 家族的願景是什麼？企業的使命是什麼？兩者是否匹配？

（2）家族和企業的領導人是否考慮其他的目標？

（3）計劃中是否考慮更大的背景？

（4）願景是否得到認同並且定期回顧？

（5）家族成員和雇員是否知道使命？

（6）在企業演進的過程中，家族有沒有審視自己做的選擇是否符合公司的使命和目標？

戰略

（1）管理和治理體系是否與企業的規模以及所面臨的挑戰相匹配？

（2）這些體系是否建立在家族動態關係或者業務要求之上？

（3）是否有關於薪酬、雇傭和辭退、職位說明、公平決策等方面清晰的政策？

（4）是否舉行定期的業務會議？

（5）是否解決過繼任問題，或者有過計劃，或者理解這個問題？

（6）權威如何形成、運用和轉移？

（7）是否合理地使用顧問？

結構

（1）公司架構？

（2）是否有組織結構圖？採用的什麼形式？

（3）是否有人力資源體系？是否能支撐？

（4）業務是否專業化？也就是說，是否有基礎框架和流程能夠確保一致性和公平性？

技術

(1) 公司的技術是什麼？

(2) 是否更新並能達到完成工作的需要？

(3) 衡量體系是什麼？

文化

(1) 家族的工作規範？

(2) 是否存在代際間的分歧？如果有，分歧是什麼？

(3) 組織文化是什麼？

(4) 企業文化是否反應了家族的價值觀？

體系

(1) 獎勵體系？

(2) 績效規範？

(3) 家族成員和非家族成員的進入和推出策略和計劃？

(4) 基於功績還是基於家庭地位的晉升？

流程（溝通、決策）

(1) 如何做決策？

(2) 開放及時的溝通？

(3) 如何管理衝突？

(4) 是否自信地認為分歧可以容忍，而且鼓勵多元化？

領導力

(1) 企業領導人是否勝任？

（2）領導風格？

（3）領導是否受尊重？

財務

（1）公司的盈利如何？

（2）最有價值的地方？

（3）年銷售？趨勢？

（4）資產負債表顯示的情況？

（5）家族和非家族經理人與雇員的薪酬福利包？

公司治理體系

使命與目標

（1）使命？目標？

（2）使命和目標是否得到所有者的認同，並且和家庭成員溝通過？

（3）目標是否反應了家族的價值觀？

（4）所有權繼任是如何規劃的？是否與家族和企業未來的需要一致？

法律形式

（1）法律架構？

（2）下一代是否明白？

（3）是否符合當前的業務或者未來的業務？

所有權分配

（1）是否有所有權過渡的書面繼任計劃？

（2）下一代是否知道和理解所有者的遺產計劃？

董事會

(1) 是否有董事會？是否有效？是否只有家族成員？

(2) 是否有非家族成員構成外部董事會？

領導力

(1) 家族是否支持董事會的領導權？

(2) 領導是否有技能、受過訓練、有經驗勝任？

(3) 是否選對了人？

---

* 有些問題是問受訪者的，有些問題是問顧問自己的。

交互動態關係

儘管從對的人那裡收集到信息確實有助於建立起整個家族企業系統的畫面，但我們必須要能描述出其中起作用的關鍵動態關係。一些重要的動態關係包括：①邊界功能；②平衡過程；③反饋回路。

邊界功能

邊界功能是指家族與企業、家族企業與顧問之間的聯繫和獨立的能力。這不是阻礙，但是如同健康的細胞膜一樣，是一種半滲透的狀態，能控制物質的交換（能量、信息、情感、價值觀）。通過這種受控的交換，每一個系統都能夠成長、變化、適應，或者反過來說，就是保持其各自的特性。嚴格的邊界會切斷聯繫，窒息這個系統。例如，不能聰明地利用資源和顧問，不會做市場研究，或者不知道最近信息的趨勢。而另一個極端是，過渡地模糊邊界而不能保持各自的特性，會使一個系統吞噬了另

一個系統。比如，價值觀不能指導願景、沒有戰略規劃、企業概念變得模糊等。理想的狀態是獨立與聯繫之間精妙的平衡。在這種平衡中，動態關係能夠得到滋養。家族企業通常顯示出模糊的邊界。簡在剛從事這項工作時遇到的一家企業就是一個極端的案例。父親（也是這家企業的所有者）給他一個次女支付工資，只是為了讓她在企業裡面露個面，經常給她一些沒意義的工作。他很擔心這個女兒，認為她自己不能過好生活。他想確保這個女兒每天有個地方待著。所有人都知道並且厭惡這種情況。這就是他作為父親的角色和作為老板的角色混淆在一起了（即便是作為父親，他所扮演的角色也不適合一個二十三歲的女兒）。有人支持他辭退這個女兒，之后她被送去見職業顧問。父親和女兒一起在顧問的幫助下重新定義了他們之間的關係，並且做了一個讓女兒自己在四個月裡完全退出企業的計劃。另一個案例就是在第二章中提到的戴維斯家族。（在這個案例中，想想你會從哪裡開始去建立企業與家庭之間的健康邊界？）

經歷了危機和變化，存活下來的系統傾向於暫時轉向功能的極端狀態。也就是說，這些家族要麼變得「閉門不出」，把所有問題都包住；要麼就恐慌地冒險找來許多顧問。哪怕可能只要有一點和過去不同，但只要他們重新調整和適應了，就能找回平衡。

家族企業顧問要明白這一點的重要性，因為我們經常被客戶在經歷了一場危機之后被叫去善后。通常當顧問在邊界問題上提供諮詢的時候，需要一些流程和程序去管理這些邊界。這包括協商、妥協、觀點交換、與家族和企業合作，以維持企業和家庭能夠長期運轉。很常見的是有人鼓勵把企業和家庭這兩類問題分開。這種做法不現實也不能有效利用能量。通過管理分歧和強化交流，這些聯繫可以經受不停變化的、激盪的世界並興旺成長。

一些用來勾畫不同系統之間邊界的問題：

（1）你在家裡討論企業問題的頻率？
（2）家族內部的分歧擴散到企業的頻率？
（3）在有企業之前，家族內部的分歧是什麼樣的？
（4）你現在是作為母親還是作為總裁在說話？
（5）家族與企業之間的邊界是否受到尊重？
（6）家族成員是否清楚地知道他們在企業和家族中的角色？
（7）時間、空間、意見的邊界是否受到尊重。

　　平衡過程。家族和企業之間權力和影響力的平衡有助於創造一種穩定和適應的氛圍。就像太陽系中的行星，家族企業成員相互之間不停地發生聯繫，但是始終處在一種精妙的平衡中。如果這種平衡被打破，結果可能是場災難。如果一個系統或者其他幾個系統占據了支配地位，就會對整體功能產生影響。這可就是「處在壓力下的系統通常開始占據主導地位」（麥克拉肯，2000），也可能是起支配作用的系統成長迅速，需要很多的時間和資源。無論這個系統是企業還是家族，它都會從其他系統中吸收能量。一個系統占了主導，另一個系統就會式微。正如第一章的案例1.3所說，這些家族都讓企業控制了他們的生活；他們憑藉對兄弟的忠誠過早做出了職業選擇。如果家族的力量勝過了企業的力量（圖3.4B），因為家族功能的失調、壓力、劇變、危機或者沒有管理壓力的能力，企業可能就不能適應永在變化的市場，也不能鼓勵創新和保持競爭地位。案例中的這些家族在工作場合上演情感大戲，這正是托馬斯家族發生的情況。如果企業的力量勝過了家族的力量（見圖3.4A），則家族的考慮就會排在企業目標之後。這些家族吃住都在企業，沒有其他興趣，所有的時間全在思考和解決有關企業的問題。功能性更好的系統不可能是一個過度強勢的系統；

事實上，它可能是一個相對較弱的或者更易功能失調的系統，還要從其他系統吸收能量。

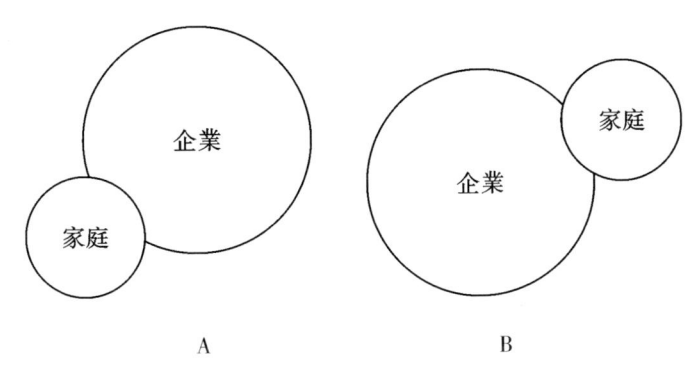

A　　　　　　　　　　B

圖 3.4　平衡

來源：改編自 K. 麥克拉肯（2002）的《家族企業客戶：管理複雜性》。

判斷平衡性的問題

（1）當前哪個系統居於支配地位？為什麼？

（2）如果可以，能夠做些什麼來改變？

（3）需要發展哪個系統才能使家族企業整體保持平衡？

（4）哪些企業功能會被家族事務破壞？反之，哪些家族事務會被企業功能破壞？

反饋回路與過程設計。過程設計是一項通過系統性思考來繪製反饋回路和行為互動圖技術（其中個人行為和反應不可避免地交織在一起）。確定這些事項對於理解問題延續的原因非常重要，可以幫助顧問避免受到指責，能夠在邊界上保持中立。我們可以觀察一次會議，看兩兄弟激動地爭執，或者聽到莫特抱怨他的兒子，但是我們並不知道是什麼導致了衝突，問題是從哪裡開始的，又是什麼決定著互動的開始與結束。我們只能猜想

和描述事件發生的先后順序。關鍵的問題在於：「現在正發生什麼？」「剛才發生了什麼？」「將來會發生什麼？」「問題是出在個人、家庭、企業，還是他們相互之間的反饋中？」這些觀察能夠使顧問思考一段時間、代與代之間，甚至整個生命中客戶的行為模式。行為模式包括兩個處在無盡循環中的行為。重要的是我們要看得長遠一些並對老問題給出新的視角。在圖 3.5 中，我們展示了莫特家族的行為反饋和強化回路（第二個回路類型，平衡展現出一個受規範的、沒有升級的反饋系統）。

行為
馬克和史蒂夫爭鬥是因爲莫特對企業的介入

對行爲的反應
因爲兒子的爭鬥，莫特又不離開企業

圖 3.5　強化回路

畫這樣一個強化回路的過程如下：

（1）從一個行為或行動開始（馬克和史蒂夫在關於莫特介入企業的問題上不停爭鬥）。

（2）插入對此行為的反應（因為莫特看見兒子們的爭鬥，所以沒有離開公司）。

（3）再描述對上述反應重複出現的行為反應（馬克和史蒂夫繼續爭鬥）。

當然，你在畫不同企業的行為模式時，可能會發現一些不同行為或者反應更複雜的強化回路。揭示這種強化行為和反應的「惡性循環」是理解家族企業問題、找出策略打破負面循環的關鍵。

以下是當時用來揭示托馬斯家庭反饋回路的一些問題：

（1）當莫特開始干預的時候，你（兒子）做了什麼？

（2）當莫特看見兒子們爭鬥，你認為他怎麼想？

（3）當馬克找莫特要錢時，史蒂夫是怎麼做的？

顧問應該找出以下問題的答案，把注意力集中在關鍵問題上，才能做到更成功的諮詢。

評估過程中需要提出的問題

（1）真正的問題是什麼？很多時候，人們描述的問題都是表象。如果你只看症狀而不揭示真正的問題，就是在浪費時間並且注定失敗。就像醫生不會只治療皮疹，還會做一系列的檢查來找出引發皮疹的原因。這正是在對家族企業系統進行診斷的過程中，對呈現出來的問題必須開展的工作。我們要跨過治療表象，採取一系列步驟來揭示真正的問題。這包括兼聽則明，把家族成員聚集起來，在一個安全的、有組織的、中立的氛圍中共同討論，以及對所有可能性保持開放態度。

（2）問題存在多久了？問題會從三個方面展現：①老調重彈；②全新的問題；③舊瓶裝新酒。如果這些症狀持續了很長時間，則反應了系統中存在深層次的問題。這時候，家系圖就會發揮作用。除非我們謹慎地考慮和解決引起問題的潛藏的模式和結構，否則表面症狀就無法消除。如果這個症狀是個新問題，存在的時間不長，那我們就首先解決它，因為它很容易被診斷，也有助於揭示其他更頑固的問題的來源。

（3）這些問題與某些「遺留問題」有關嗎？所有存在的系統，包括個人、家庭、企業，都會經歷生命週期和危機。企業和家族的生命週期的每個階段都有某些特定的任務；每次危機都需要溝通和有效的行動方案來幫助家族和企業成長進步。太多的情況是，所有的問題都是因為迴避溝通

和有助於進入下一階段方案而產生的結果。一個系統中的每個變化都會對模式產生破壞。如果情感過程不能在這種破壞產生以前加以管理，負面影響可能就會在一段時間和幾代人中存在。比如在托馬斯的案例中，很重要的一點就是界定到底莫特的能力不足夠管理企業這件事在多大程度跟他無法跨越失去謝莉的痛苦有關。

（4）改變的最大動力在哪裡？動力意味著改變的可能性。動力如何呈現？長什麼樣？可能有許多形式——憤怒、興奮、激情、痛苦或者幾者的結合。動力在什麼地方？可能在有權威的個人那裡，正式或非正式的，也可能在一個下屬那裡，或者在家族企業系統成員中的一個聯盟那裡。如果動力在一個有正式權威的人那裡，你取得成功的可能性就會極大增加。但是，通常情況下在繼任問題上，改變的動力都在繼承的一代中。理解整個系統的運轉和善用槓桿的作用，能夠幫助你和客戶運用工具去創造對家族和企業積極的改變，從關鍵人物那裡獲得支持。

（5）問題服務於某個功能嗎？如果回答「是」，那麼這個問題服務於什麼功能？問題通常在系統中扮演重要角色。經典的例子便是讓一個人或者一群人做了「替罪羊」或者「落井下石者」。如果某人或某群人經常被指責，第一個要問的問題便是被指責的人是否該被指責。如果是，那就針對這個人展開工作；如果不是，那麼就要對整個系統開展工作。然後我們要問的是，「如果把替罪羊開除了或者切斷其與家族的聯繫，會發生什麼事情？問題還會延續嗎？」出現替罪羊的原因有很多，但是在家族企業系統中最常見的原因是未解決的衝突、工作上的迴避、拒絕對重要問題做出決定。簡言之，問題變成了「我們能夠指責誰」而不是「我們如何解決問題」。問題本身可以變成強大的力量，在某些破壞性時刻會起到相當大的作用。所以，顧問要做好功課，如果在沒有解決好潛在的結構下問題被移除，要做好附帶問題出現的準備。

總而言之，問題通常沒有得到應有的重視，而它們往往在家族或者工作中又扮演著重要角色，是獲得解決方案的窗口。所以，在你急於解決問題之前，想一想這些重要的問題如何回答。

我們到達目的地了嗎？

當我們思考為不同客戶提供諮詢時，簡會想起她和丈夫一起旅行。她丈夫經常會放一個全球定位系統（GPS）在車裡。這是現代科技的一個奇跡，GPS能夠告訴他們正在前往何處，速度有多快，以及預計到達的時間。但它的局限在於，預計到達時間是根據在你看GPS的那個特定時間的時速計算的。因此，如果他們距離目的地有525千米，時速為105千米，則行程需要花費5個小時。但是，如果他們是在要臨近一個收費站時候看的GPS，這時的時速只有16千米，那麼行程要花費大約33小時。除此之外，GPS不會考慮繞路、惡劣天氣和交通狀況，或者其他無法預見的因素。

給家族企業提供諮詢也是同樣的情況，差不多75%的變革不會發生預計的效果（奧爾森和恩楊，2001），這往往是因為顧問沒有對他們與客戶之間迂迴曲折的關係做好充分準備。這一點對於情感體系和工作體系都很強大的家族企業來說尤為重要。與客戶的合作和不斷的反饋過程都是諮詢中的關鍵要素（博克，1994）。雖然我們的諮詢框架是有序的，但客戶的系統不是。改變通常不會按照整齊有序的步驟發生，而是以突然的、不可預見的方式發生。在諮詢的初始階段，我們必須預測諮詢過程的長度和工作範圍。不過，客戶的情況無法預見，因為他們還在過時的角色當中，更可能做出不合常理、無意識的選擇和決定。鑒於這些不確定性，我們需要根據客戶的情況來設計我們的工作，根據揭示出來的問題來應對。成功的關鍵是要有靈活性。

到目前為止，我們已經討論了如何與家族企業簽訂合同和如何評估家族企業三個系統的健康程度。接下來我們要進入諮詢過程的下一個階段。在第四章中，我們會討論如何給客戶反饋評估數據，如何使客戶參與到變革規劃過程中來。

第四章　諮詢反饋與計劃

進步的藝術就是在變化中保持有序，在有序中保持變化。

——阿弗列·諾斯·懷海德

➤ 案例 4.1

電話是路易斯·丘奇打來的，她是五十六歲的東南控股公司的總裁，她說希望顧問能夠幫助她協商從五十八歲的哥哥吉拉德、六十歲的姐姐朱迪那裡購買股權的事。路易斯是從一個曾經讓簡擔任顧問的企業家朋友那裡得到的電話。路易斯兄妹們開發和持有了多個商業寫字樓和其他地產項目，包括東北地區某個大都市裡的一個大型購物中心。公司的年總銷售額大約為 2,500 萬美元。找一個家庭顧問的主意聽起來還不錯，但是路易斯強調她不需要家庭治療師——這僅僅是一次業務重組。她還說，她的丈夫山姆也介入了業務，可能會參與協商。路易斯還說：「山姆的反應比我快。」她一直對與兄姐協商感到焦慮，因為兄姐兩人都是快人快語，都把她當成是家裡的孩子。讓山姆參與進來對她來說很重要。於是簡和路易斯、吉拉德、朱迪進行了一次匹配會。議程包括會議簡介與基本規則、待討論的問題與目標、諮詢過程、共同工作的協議和下一步計劃。

在簽訂了聘用書后，評估過程通過三個會議完成：路易斯和丈夫山姆，吉拉德和他妻子，最后是朱迪和她丈夫卡爾。吉拉德強調他想盡快完成這個交易。在與路易斯和山姆最初的會議上，我們瞭解到這家企業是由

吉拉德在二十年前創辦的（這是他的主意），但是，現任總裁路易斯在企業創辦的第一年就加入了，並且提供了大部分的啟動資金5.5萬美元。儘管最初路易斯希望持有50%的股權，而讓朱迪和吉拉德持有剩下的50%的股權，但目前的情況是吉拉德持40%，朱迪持20%，路易斯持40%。從那時起，路易斯放棄了成功的職業加入公司。而吉拉德之前則是換過幾個工作。到第二年時，他們說服朱迪辭去地產公司的工作加入企業。在第一個會議中，路易斯和山姆用了大部分時間批評吉拉德，把他說成是空有想法的糟糕的經理，只管分任務，從來不跟進。但是他們也提到在工作之外，他們和三個兒子都與吉拉德夫婦和他們的五個孩子關係密切。

經過8年前一系列的財務危機，山姆被找來挽救這家企業。但是在那段時間，他被排擠在外，什麼事情也不知道，而且吉拉德對他也不好。因此，山姆不信任吉拉德，擔心會有訴訟，因為有些事情在吉拉德的監管下處理得很糟糕。吉拉德在六年前辭去總裁一職，山姆現在是首席營運官（COO）。路易斯和山姆都說，在吉拉德的不當管理下企業有許多歷史問題。重複出現的主題就是吉拉德對路易斯和山姆不好，他們對此感到受傷和憤怒。他們都同意現在是時候購買吉拉德和朱迪的股權了。夫婦倆非常堅持地認為吉拉德要參與協商。

市場營銷總監朱迪和業務會計師卡爾想要退出企業：他們到了退休年齡，想花更多時間與子女和孫兒們一起。他們厭煩了爭吵，也擔心潛在的法律訴訟。他們也說擔心山姆繼續管理企業的能力，因為他有酗酒的問題，而路易斯想讓他待在公司的唯一原因是這樣可以讓他遠離酗酒。卡爾說，業務下滑跟山姆酗酒有直接關係，但路易斯不這樣認為。他倆既承認家族的親密關係，也承認對山姆和路易斯的擔憂。

吉拉德的妻子禮貌地拒絕出席任何會議。簡與吉拉德的會議證實了他和山姆之間的相互怨恨。他說山姆很難相處：「與他一起工作非常非常艱

難。」他也知道山姆的酗酒問題，對此，他說：「越來越糟糕。」吉拉德只想與朱迪和路易斯協商，希望越快越好。我已經「把事情做得很出色了，一直以來為了企業做出了極大犧牲，我現在要退出了」。

留給顧問的問題

(1) 你會從哪裡著手？
(2) 如何解釋多個現實狀況？
(3) 如何處理山姆酗酒的問題？
(4) 如何設計反饋會議？
(5) 如何預測家族成員的反應？

反饋與行動計劃

你只需要看著就能觀察到許多。　　　　　　　——悠季·貝拉

在本章中，我們會論及反饋和計劃，還有如何整理我們收集到的信息，以及在與家族成員共同制訂計劃時如何最好地呈現與使用這些信息。我們所說的反饋與行動計劃中有三個相互連接的步驟。第一，顧問必須要用一種有意義的方式去組織和反饋信息，因為信息能夠促使變化（波薩，約翰遜，阿爾弗雷德，1998）。第二，顧問可能對客戶所面臨的問題給出建議，但是客戶要能接受這些解決方案才行。因此，顧問和客戶必須共同找到解決問題的辦法，這樣客戶才能承諾去執行。最後，顧問和客戶要一起做出詳細的行動計劃，執行大家共同認可的解決方案。表4.1列出了各階段的目標、問題、期望的結果以及風險。

表 4.1　　　　　　　　　行動研究模型的反饋階段

階段	目標	問題	期望的結果	風險
反饋/行動計劃	整理前一階段收集的訊息。組織一次能夠達成共識、確定優先解決問題和計劃的討論會	反饋的最佳環境是什麼？哪些人參加？訊息以何種形式展現？家族成員對此會有何反應？顧問對他們的反應又如何應對？如何讓被動的聽變成主動計劃	對將採取的行動達成共識	報告過於簡單或者過於複雜。沒有對家族可能的反應做好準備。目標上未能達成一致。沒有用一種家族能夠接受並且開始傾向於採取行動的方式反饋。不能有效地處理家族接受、否認、抵制、拒絕或者以上情況綜合的反應

我們根據評估給出反饋，包括組織和呈現報告。如果做對了，反饋就能同時實現三件事：①傳授知識和方法；②建立新的規則；③挑戰以前的定義和嘗試解決問題的方法。能否成功取決於幾個因素：

（1）家族與顧問之間是否有契合度；
（2）顧問的能力；
（3）報告的質量；
（4）家族處理信息的能力。

在表 4.2 中，我們簡要列出了和家族企業客戶提供反饋相關的積極特徵、期望的結果，以及存在的風險。

表 4.2　　　　　　　　提供反饋的特徵、結果、風險

因素	積極特徵	期望的結果	風險
家族與顧問之間的契合度	雙方的信任與尊重	相互之間積極的感覺會產生一種學習的氛圍	缺乏信任和尊重導致不信任的氣氛，以及家族聽不進報告的內容，也不參與

表4.2(續)

因素	積極特徵	期望的結果	風險
顧問的能力	顧問具有能解決當前問題和爭議的恰當技能；擅長控制會議的內容和進程；能夠聚焦在建立共識和解決方案上；對過程保持耐心；教授技能，比如決策、達成共識、優先排序；有問題領域的相關知識	家族願意和顧問一起繼續這個過程，能被調動起來著手解決爭議	顧問的技能不夠，不能或者不願增加新的團隊成員或專家
報告質量	報告的組織合情合理而且具有洞見、優勢和劣勢、全系統視角、教育和預示、各個問題分別呈現。報告清晰具體，有解決方案的建議	家族對問題的觀點得到確認和放大，解決方案符合客戶的風格和能力	報告沒有明確和聚焦問題，也沒有可能的解決方案。高估了家族理解問題的能力。報告沒有根據家族的問題和能力情況制定
家族的能力	功能水平高，不防禦；積極地解決問題和處理爭議。能夠作為一個團隊工作；足夠聰明，能理解報告內容	能聽取積極的和負面的反饋，感謝顧問所做的工作	家族功能失調造成否認、防備、不同意顧問或者其他家族成員的意見

如果顧問能夠對表4.2裡的問題足夠敏感，就能設計一個達到預期結果的會議。

組織反饋

家族可能知道問題所在，但是界定問題則比較麻煩。例如，路易斯希望得到幫助去購買股權和重組業務。她把問題界定為需要一個技術性解決方案。但真正的問題（過去的衝突，吉拉德作為總裁的糟糕績效，缺少職位說明、政策和流程以及績效評估，山姆的酗酒問題，還有潛在的訴訟）都是技術之外更深層次的問題。

顧問必須把客戶提出的問題和在評估中確定的問題之間的空當連接起來。比如，路易斯想要的是與她哥哥和姐姐協商購買股權中的幫助。但如

何連接客戶提出的問題和潛在的真正問題卻充滿困難：怨恨、路易斯的否認、關於誰應該參加協商的反對意見，以及可能的報復。但是，和大多數家族企業一樣，這個家族企業，也存在著強烈的正向情緒。吉拉德和朱迪都積極地想退出企業和結束爭議。此外，潛在的訴訟威脅也能鼓勵他們解決問題。這是一個胡蘿蔔加大棒似的組合，他們既想維繫家族關係，又想用訴訟脅迫對方就範。這個組合就是促成問題解決的強有力的連接。

我們雖然要尊重客戶描述的情況，但也要尊重顧問發現的事實。顧問必須用一種方式來呈現數據，讓家族成員能夠願意聽並且接受。格言「差異成就不同」用在這裡再合適不過了。如果收集到的數據與家族的描述太相似，就不會留下深刻印象。因為他們會想，我要顧問來干嘛？

組織反饋的格式

一種推薦的組織反饋的格式是 SWOT 分析（優勢、劣勢、機會、威脅）。我們發現通過 PPT 反饋信息比單純口頭的反饋效果要好。把信息總結成為子彈符格式，顧問能夠用它作為討論的開始。以下是在東南控股公司案例中如何呈現數據的例子。

示例 4.1　東南控股公司 SWOT 分析

優勢

（1）成功的業務

（2）好的資源

（3）對他人的關心

（4）共同的家族價值觀

（5）希望看到其他人成功

(6) 人人都在出力幫助企業

劣勢

(1) 非正式的人員准入政策、進入公司的人不可靠

(2) 家族成員之間的合同內容不清楚

(3) 家庭角色和企業角色模糊

(4) 溝通惡化

(5) 衝突升級

機會

(1) 擴張和重組的資源

(2) 發展和擴張的市場

(3) 社區裡的良好聲譽

(4) 重組為未來發展提供了可能性

威脅

(1) 衝突程度加劇

(2) 潛在的訴訟

(3) 沒有花時間做一個好計劃和進行重組

(4) 缺少決策流程

(5) 山姆的酗酒問題；路易斯否認的問題

另一個例子是給史密斯家族擁有和管理的企業提供的SWOT分析。這個家族相對來說比較健康，主要是希望顧問幫助處理繼任問題。繼任的一代都是二十來歲，他們的父母大約五十來歲。父母還沒打算移交管理權但已經提前開始做計劃。他們都曾經參加過家族企業研討會，知道需要做什麼以及有些事需要其他人幫助啓動。他們的SWOT分析如下：

示例 4.2　史密斯家族企業的 SWOT 分析

優勢

（1）成功的企業

（2）穩定、長期的婚姻

（3）親密的家族關係

（4）有效地使用顧問

（5）生命階段處在「協調同步時期」（in Synch）；繼任計劃的理想時間

（6）好的資源

（7）共享核心價值觀

（8）共同的企業認同

（9）相互尊重

（10）有管理者的意識

劣勢

（1）缺少計劃：控股結構

（2）缺少計劃：企業戰略

（3）管理團隊的成長停滯

（4）持股的第二代成員的職業決定

（5）個人目標的清晰表述被延遲

（6）外部人員參與移交的角色不清楚

（7）衝突管理策略不清楚

（8）提升邊界清晰程度的需要：家庭與工作；責任範圍；可靠性

（9）什麼是業務？什麼是家庭？

機會

(1) 地產價值增長

(2) 打開國外市場

(3) 拓展郊區

(4) 繼任計劃使得兄弟姐妹團隊發展

(5) 有足夠的資源幫助企業成長

威脅

(1) 管理分歧方面存在困難

(2) 缺少針對管理團隊的培訓計劃

(3) 沒有外部董事會

(4) 繼任的一代還沒有做職業決定

(5) 沒有繼任計劃

(6) 高管團隊老齡化，沒有替換方案

(7) 公司的信息系統過時

另一個組織數據的方法是做「力場分析」。這個方法是由科特・列文（1951）開發的。該方法要求顧問為企業和家族建立一條「基線」。換句話說，「基線」是指企業和家族現在運轉的情況和它們理想狀態下運轉的情況的關係。顧問概括出驅動家族和企業績效達到某個程度的力量，然后描述那些限制和暗中破壞績效的力量。家族隨后開始找出去除限制性力量和增加驅動力量的方法。我們從瓊斯家族企業的例子中能看到這個方法。

瓊斯家族企業

目前的績效水平。企業有合理的利潤，但是沒有達到家族的期望。從

另一方面講，瓊斯家族衝突四起。父母已經年屆七十，繼承的下一代也到了五十歲，但還沒有繼任計劃。除了父母，他們還有三個孩子在家族企業裡工作。他們之前找過兩個顧問，給出了技術性建議的指導書。這些材料就放在父親的書架上，但衝突卻變得更加糟糕。

理想的績效水平。企業有清晰的使命和戰略，收入和利潤都在增長。家族和非家族雇員理解他們的角色。衝突能夠被有效管理，合作水平很高，決策有效。

驅動力量：

（1）對企業的歷史和傳奇有自豪感

（2）家族企業工作勤勉

（3）共享核心價值觀

（4）有管理者的意識

限制力量：

（1）長期反覆的衝突

（2）缺少規劃：企業戰略

（3）缺少家族決策流程

（4）清晰的溝通：區分保密和隱私。如何使用信息？

（5）模糊的邊界：家族與企業之間；責任範圍；可靠；角色。什麼是企業？什麼是家庭？

（6）不能有效地使用顧問；用過兩個顧問

（7）缺少對其他人在家族企業中的角色的辨別

（8）企業問題負面地影響家族關係和個人目標

呈現反饋

你無法預測反饋會議上呈現出的數據會帶來什麼樣的后果，但是你應

該有好的思路而且做好準備。同樣，你需要估算在不需要教練和再學習的情況下，家族需要做多少工作。在準備呈現反饋時，問問自己以下問題：

(1) 家族的健康情況如何？

(2) 反饋可能有什麼影響？

(3) 第一次會議上他們能完成多少內容？

(4) 數據能夠推動家族行動還是造成他們否認和防禦？

(5) 下一步怎麼走？

反饋會議可能對不定期開會的家族來說是一個新事物。事實上，運轉好的家族會議確實能夠變成對「家族企業產生積極結果的基礎」（哈勃松，阿斯特拉坎，1997）。每個聯繫應該針對弱項傳授一個技能。例如，史密斯家族需要衝突管理技能，以及更清晰的邊界。

我們通常在「家族企業靜修會」（Family Business Retreat）上反饋數據。例如，在史密斯家族的案例中，靜修會就計劃了反饋、教育、個人分享和戰略計劃。這是一個決策制定、團隊建設、教育和趣味性的組合。通常第一次靜修會還包括更多的指導和對過程的關注。之後的靜修會更多地聚焦在規劃和決策制定上。很多內容都打包在史密斯家族三天的會議中，但是他們做好了工作的準備。示例 4.3 展示了這次靜修會的日程。

示例 4.3　史密斯家族靜修會日程

第一天

下午 4 點—晚上 7 點

介紹，基本規則，3 寸（1 寸 = 3.333,3 厘米）×5 寸卡片

SWOT 反饋報告

健康家族企業迷你講座

確定接下來兩天的日程

晚上7點半—9點

晚餐

晚上9點—9點半

「由內而外」的冥想

第二天

上午8點半—10點半

簽到

介紹戰略規劃過程

（日程項目是基於SWOT分析中的弱項安排的）

介紹頭腦風暴

上午10點半—10點45分

休息

上午10點45分—12點

溝通與衝突管理聯繫

迷你講座：健康的衝突管理/稍複雜的衝突

討論家族中各種類型的樣本

介紹自主性溝通

中午 12 點—下午 1 點

魚缸練習

從早上家族製作的清單中選取

下午 1 點—2 點

午餐

下午 2 點—3 點

「車輪」游戲

下午 3 點—3 點半

完成日程項目

下午 3 點半—3 點 45 分

休息

下午 3 點 45 分—5 點

思維導圖

第三天

上午 8 點半—9 點

簽到：大家怎麼樣？

9 點—10 點半

計劃/議程項目

　　　　　10 點半—10 點 45 分
　　　　　　　休息

　　　　　10 點 45 分—12 點半
　　　　　　　製作行動計劃

　　　　　10 點半—下午 1 點
　　　　　　　任務簡報

　　正如之前提到的那樣，瓊斯家族衝突程度相當高，以至於如果會議時間超過半天，可能就會有崩盤的風險。靜修會就是被設計來解決這些問題的，它可以提供一個可以討論那些不能討論的問題的安全空間，建立起一個民主的流程，而且看看有沒有任何可以變化的現實希望。過程管理是需要的，我們要仔細計劃這個半天的靜修會的流程。在顧問看來，這段時間是家族成員可以在這點上都聚焦在一起的機會。示例 4.4 展示了瓊斯家族的靜修會議程。

示例 4.4　瓊斯家族靜修會日程

　　　　　下午 4 點—8 點
　　　　　　　介紹
　　　　　　　基本規則
　　　　　　　諮詢的原因
　　　　　　　嘗試過的解決方案

每個家族成員對個人、家族和業務的目標和責任

(「我如何能夠對現在的問題有所幫助……」)

問答時間

下一步計劃

創造新的解決方案

「一個地處海邊的日本村莊曾經遭受潮汐的波浪威脅，但是有一個農民在比村莊位置高的山上的農田裡很早就看到了地平線遠方的波濤。可他已經沒有時間去通知村民了，於是點燃了農田，村民們蜂擁而上地去搶救莊稼，從而在洪水中生存了下來。」（德·沙澤爾，1991）

我們也面臨這個農夫所面臨的挑戰——用新的視角來看待問題，用新的方法來幫助家族達到同樣的效果。很重要的一點是找出家族已經嘗試過的辦法。因為「再多的同類方法」都不大會有效果了，所以，我們必須①試試新的方法；②改變以前嘗試過的方法背後的環境因素；或者③從組織的不同層面介入。問題不大可能在意識的同一層面或者造成問題的想法層面被解決。這對於那些問題累積了幾層，也多次下過決心解決問題的家族企業來說尤其如此。家族需要有人幫助來解開問題的結，然後再把它們像織掛毯一樣編織在一起，使之變得有意義並最終解決問題。為了準備這個反饋，我們必須從另外的角度探視這個問題。這就是有時候所說的「水平思考」（斯隆，1994），可以通過挑戰我們的假設和保持開放心態來實現。

例如，東南控股公司中的問題就包括：

（1）重組所有權結構

（2）業務不可靠

（3）兄弟姐妹間的分歧

（4）潛在的訴訟

（5）山姆的酗酒

（6）缺少決策制定的過程

為了解決他們的問題，簡幫助他們從不同的邏輯層面重新建構了這些問題：

（1）重組所有權結構——兄弟姐妹需要服務於業務聯繫來保存家族關係；

（2）兄弟姐妹間的分歧——缺少流程、清晰的角色和職責，沒有一致的決策制定過程；

（3）山姆酗酒——由這個體系導致，分散了對其他更大的系統問題的注意力。

我們與其說教、威脅或者請求年邁的創始人辭去職位，為什麼不重新定義問題，讓他有時間去開始他想要的生活，鼓勵他說清楚他在餘生中的興趣和目標？他可能需要得到家族和自己的鼓勵或者允許才能去享受自己的時間，追求一直惦念的興趣，或者加入退休高管俱樂部。我們曾經有一個客戶是一名七十六歲的公司總裁，他本來可以退居二線而讓兒子接任，但最后他的結論是他需要一個公司。他想知道是否能介紹一個新的窗口給他。雖然顧問通常不會「做媒」，但也鼓勵他加入其他活動，去結識新的朋友，找到生活中新的激情，或者培養新的愛好，如探險或者做一些志願者工作。

制訂解決方案的小技巧

（1）準確表達要解決的問題。

（2）找出已經嘗試過哪些方案。

（3）不要給出已經嘗試過的方案，幫助客戶想出自己解決問題的辦法。

（4）關注共同基礎和未來，不要關注過去和分歧。

（5）幫助客戶用新的方法看待以前的爭議，這樣他們能夠找到自己的辦法。

（6）做點不同的事情。跳出客戶設定的限制條件，就好像顧問在山上點燃一把火，讓看上去無法解決的問題能夠解決。例如，路易斯強調這個問題就是簡單的業務重組，並沒有提到山姆酗酒。「在山上點一把火」是為了挽救家族的業務，意思就是很多問題要解決是為了能實現業務重組。比如，企業與家族目標，山姆的酗酒問題。這涉及挑戰家族企業的基本假設。

（7）為協商設定基本規則。例如，在東南控股公司的案例裡，這一點就包括誰要參加協商，協商會議的長短和頻率，以及夫妻與律師的角色。從這種方式開始，山姆酗酒的問題，協商買入股權的問題，以及潛在訴訟的問題都可以在協商開始之前得以解決。三兄妹決定他們各自單獨作為協商的一方；他們可以只和配偶與律師單獨討論細節。他們的目標就是擬定一份「諒解備忘錄」，在達成一致后由律師來起草。在協商前的會議中，所有微妙複雜的問題都要提出來解決。顧問能給山姆適當的推薦，在與路易斯和山姆的單獨會議之后，直接解決酗酒的問題。吉拉德和朱迪在顧問的支持和幫助下，在協商預備會與路易斯見了面。目的是能夠在安全的會議氛圍中聽到兄弟的問題，開始處理這些問題，以便直接和用有幫助

的方式面對山姆。

（8）界定在現實與理想狀態之間的差距應該用什麼來彌補。

提前規劃:安排在反饋會議後

在反饋會議之中和之后，非常重要的一點就是評估家族對反饋和可能的解決方案的反應。我們發現客戶可能開放地接受反饋和顧問建議的解決方案，或者可能否認這些數據，與之抵制，或者完全拒絕。顧問如何應對客戶的反應是能否成功進行諮詢的關鍵。表4.3列出了應對不同反應的方法。

表4.3　　　　客戶對反饋的反應以及顧問的應對

家族的反應	你如何應對	你要做什麼
接受	謹慎的樂觀；要求他們採取行動	重申合同與行動的下一步；確保不要抓住客戶的興奮來加速開展工作
否認	理解這種處境和再現的否認是系統性的重複；分清是否認問題還是要採取行動	讓家族成員告訴你他們對報告的真實理解；根據否認的地方，把合同上的步驟調整為最有效的工作；從那些不太否認問題的人入手，增強改變的推動力。直接與否認硬碰硬並不能消除問題，只會讓否認更強烈
抵制	再次構築抵制是家族保護自己的一種方式，不想太快有太多的變化，是一種很正常的反應	參照下合同，重新調整時間框架，讓過程開展得慢一點。我們大多數人都要一點一點地接受訊息，逐漸才能有一些大的動作
拒絕	尊重家族的處境；弄清楚家族是全體拒絕反饋還是只有一部分人否認。如果是全體，判斷這種情況是暫時性的還是他們需要更多時間來決定。如果是一部分人拒絕，這些人有正式還是非正式的權力？誰做的決定？他們是拒絕採納你的報告還是你這個人	如果只有少部分人拒絕你的反饋，看合同如何調整能夠反應雙方共同的目標。如果是所有人反對，那就看是什麼原因，並且安排一次跟進的會議來回顧一下

通過預測不同客戶對反饋的反應，顧問能夠有所準備，用恰當的方法應對，並且繼續推進工作開展。缺少這些準備，我們發現顧問可能因為不恰當的應對導致災難和破壞整個諮詢過程。

反饋會議的其他技巧

除了我們已經講過的給出反饋和制訂解決方案，我們發現以下技巧能夠特別有效地幫助顧問開展一次能取得成果的反饋會議。

技巧一：家族的功能越失調，他們越聽不進去反饋，但卻更需要幫助。顧問需要放慢節奏，密切注意過程。例如，在麻煩不斷的瓊斯家族，當他們在變革過程中遭遇挑戰，每個人都會在會議或報告開始之前把顧問拉到旁邊說其他人有多差勁，如何的不配合，也不去做任何顧問建議的事情等。這種情況是可以預見的，因為直到他們每個人開始承擔起自己在這個問題中的角色之前，他們會繼續指責他人。他們不會問：「我可以做點什麼不同的事情？如何能夠對解決問題有所幫助？」而是不停地問：「我/我們/顧問怎麼能讓爸媽兄弟姐妹改變？」一次全體家族成員參加的會議可以用來解決這個問題，家族成員基本的角色會做些調整，包括：不要談論他人，問題的解決會涉及你的角色和責任，以及你自己如何改變。一旦這成了溝通結構的一部分，每個人就開始為自己承擔更多責任並停止爭吵。這樣，能量就能重新聚焦在可能的變化和解決辦法上。

技巧二：不斷地建立和傳授文化變革的新規則和規範。例如，每次只有一個人發言；用第一人稱來講述；介紹事實和客觀現實；學會妥協（見埃德加·沙因的《過程諮詢》）。看上去簡單的規則，像「不要打斷人」「真正傾聽別人說了什麼」「理解你的日程並且承認」，以及「向講述者確認你聽到的內容，不要一開始就跳到你的觀點去」都可以引起家

庭溝通方式和效果的重大變化，並且從長遠來看會改善家族成員關係。

　　技巧三：僅僅只有洞察力改變不了行為，僅僅只有行為也不能產生洞察力。兩者都需要才能改變。

　　技巧四：要確認家族是否真正理解了反饋，反饋過程也會帶來反應。如果父母之一想要的只是聽到對他們希望作為繼任者的兒子的積極正面反饋，這一定會影響他們聽到的內容。

　　技巧五：就算反饋信息的作用足夠造成變化，它也不會按照你想像的方向發生。在一次會議中，顧問建議一個經常被兄弟批評的獨女去要求自己得到尊重。結果她認為這個建議不僅是允許她獲得尊重，而且還要從過去所受到的不公平對待那裡獲得不合理的賠償。例如，她可能要求把現在的薪水加倍，這已經超過了她現在所能得到的了。

　　技巧六：邀請其他家族顧問（比如律師或會計師）參加反饋靜修會，給家族成員提出建議，但這需要你提前和其他顧問討論過反饋和要在會上給出的建議。這要在靜修會之前進行，以便把之後的時間留給家族。在這一點上，如果還有顧問委員會，他們就不要參與。這是一個危機時刻，對家族來說比較脆弱，所以外部人員數量要有所限制。如果顧問認為他們的反饋有價值，可以把他們放在訪談和評估過程中。

　　技巧七：顧問和家族要尋找共同基礎。在會議中的衝突可能歸為背景不同，但是可以在之后來解決（「父親和女兒可以在現在和下次會議之前來討論這個問題；他們可以向我們反饋他們決定要怎麼來做」）。

　　技巧八：明確介入衝突的意願，說明這並沒有害處，令人恐懼或者不能解決（我們經常附帶解決衝突，或者和更大的團隊一起解決。比如，在與有衝突的兄弟姐妹一起工作的過程中解決衝突）。

　　技巧九：在過程中作為顧問，你對客戶反應的應對非常關鍵。你的客戶可能正經歷強烈的情緒，你可能看到憤怒或者哭泣。你必須準備好在情

緒主導的氛圍中工作，不要被情緒爆發嚇到。

技巧十：你應該不斷增加你的技能和能力，知道發生了什麼，以及在哪裡能夠獲得幫助。例如，參加與你的核心專業或其他相關專業的課程、工作坊和研討會。如果你是法律顧問，參加一些家庭關係和團隊建設的工作坊。如果你是家庭關係專家或者組織發展顧問，參加一些稅法或者薪酬福利方面的工作坊。

技巧十一：從聽取反饋到做出計劃的過渡要在反饋會議進行到大約三分之二的時候開始，這樣家族可以達成具體行動計劃。在進入討論行動計劃之前，你需要回顧和實踐任何需要的技巧和技術（比如，如何達成共識、自主性溝通、如何做決策等）。諮詢的反饋過程應該能夠幫助：①建立對問題的共同理解；②在家族成員中建立對採取下一步行動的共同信心。最後，由家族來製作將要開展的工作清單。

改變和向更好的方向改變是兩回事。　　——德國諺語

在反饋會議中一定會造成困境的方式

（1）關注過去；

（2）關注負面的、有分歧的地方，而不是積極的、達成共識的地方；

（3）把你的價值觀和目標強加在過程之中；

（4）忽視過程，只重內容，不能確定分歧所在；

（5）忽視那些沒討論的問題；

（6）不給每個人說話和被聆聽的機會，不使用你作為顧問的權力去允許所有人輸入信息的機會；

（7）強推一個方案，而不是創造一個鼓勵安全、創造性和承受風險的環境；

（8）混淆中立態度與不給反饋、建議；

（9）被強烈的情感關係左右；

（10）混淆噪音和信號；

（11）忽視了行為和溝通模式；

（12）混淆無關聯的事情和模式；

（13）不清楚你的角色和與客戶之間的契約。

處理衝突

前面我們提到，大多數家族企業中的難題都和衝突有關，這通常表現為溝通和行為問題。為了節省客戶的時間、金錢和精力，很重要的一點是顧問要知道簡單衝突與複雜衝突的不同，幫助客戶準備時間、精力和資源來解決衝突。簡單衝突不會與家族的情感歷史牽絆，通常能夠用常理糾正來解決。複雜衝突通常由簡單衝突開始，但是不幸地被不當地處理、否認、忽視或者誤解，慢慢變成一個在家族和企業中長期、反覆的問題，直到家族問題和企業問題以一種無效的方式糾纏在一起。正如東南控股公司的案例一樣，路易斯和吉拉德沒能把他們負面的、個人的情緒放在企業之外。簡單衝突就是那些儘管曾經展現出來，但沒有影響到企業決策，而企業的兩難處境也沒有和家族關係扯在一起的衝突。

一些複雜問題必須由有能力的顧問或者家庭治療師，而不是組織發展顧問或者其他專業的人來解決。許多家族企業至少會表現出一個複雜問題，通常在第一次通電話時就能確定，之後通過家系圖能更完整地暴露出來。表4.4簡單概括了簡單衝突和複雜衝突的區別。

表 4.4　　　　　　　　　　　簡單衝突與複雜衝突

衝突類型	表現/症狀	干預
簡單	當下的問題 關注解決辦法 沒有防禦 引入解決辦法 字面意思就能理解 能夠使用訊息 理性思考	線性、同理心 基於教育/內容 洞察力 訊息 事實 數據 勸導 建議 警示情緒上的大波動
複雜	過去的事情 關注問題 防禦性 循環往復的爭吵 不能使用訊息 不理性的思考	非線性；不同干預層面 重構問題，重新定義問題 基於經驗/過程 展望、比喻 問題 關注積極的一面 耐心和角色 「點一把火」

家族要學的不是如何避免衝突，而是如何在衝突還比較簡單的時候解決掉衝突。顧問需要知道這種區別。

家族企業是製造複雜衝突的沃土，這些衝突能夠破壞企業決策與營運。矛盾的地方是，家族成員在工作和玩耍中關係越近，每個成員更能感到自主性和獨立性的牽引。衝突實際上是一種管理過於親密的方式（萊納，1990）。另一個解決過度親密無間的方法就是「假和諧」或者「假親密」。這種情況下，家族不太表現出衝突。在這些案例中，顧問的目標就是讓這些問題浮出水面並且解決它們。

每個在一起工作和生活的家庭都會偶爾感受到這一點：「你一天當中與同樣的人在一起待多少個小時？」這種自然而然的獨立性拉力通常都會

表現為意見分歧，有時候是憤怒，甚至是疏遠。例如，一個在家族企業中長大的孩子可能離家很遠，因為想要與家族撇開關係。（所以很重要的是在訪談過程中和適當的會議中納入所有家族成員，儘管他們可能離得比較遠。對更長的計劃會議、靜修會和顧問會議來說尤其如此。這些都可以借助免提電話和電話會議等技術實現）

解決家族生活中衝突的好處如下：

（1）讓家族成員之間保持能接受的距離/親密度，幫助家族保持價值觀和目標的制衡。例如，一個青春期的孩子與父母的鬥爭的過程其實是一個孩子變得有自己的觀點、夢想和目標的過程。

（2）意見的分歧在任何家庭中都是健康和必要的；當我們鼓勵這種意見分歧的存在時，它們能夠創造豐富的多元性。

（3）建立自信，尤其是繼承的一代，儘管與父母一起工作，但他們需要從父母那裡感受到獨立。意見分歧應該得到鼓勵，而且事實上意見分歧對創造性解決問題很有必要。如果所有人都同意，解決問題可能沒有效率而且缺乏創造力。

（4）提升在工作和家庭中的親密關係；解決並成功管理衝突能夠在家庭成員之間產生更強的紐帶。分歧不意味著拒絕或否認，而是能夠帶來更強的家庭關係和企業規劃。

簡單衝突與複雜衝突：辨別兩者差異的線索

吉拉德和路易斯的爭吵一定會牽扯出陳年往事：路易斯在一開始怎麼把錢轉進公司，吉拉德如何盯著公司的事情，路易斯從孩提時候開始就怎樣的難以相處。每個人都在指責其他人過去犯的錯：「你總是漠不關心。」「你一直都嫉妒我反應比你快。」（當你聽到諸如「總是」「從不」之類的詞時，你肯定身處複雜衝突之中了）。因為，簡單衝突關注的是此時

此刻。

複雜衝突關注問題和指責。一次爭吵會勾起雙方其他沒解決的衝突。毫無希望的是，他們只能想起共同的問題所在。就像路易斯所說，每次她和吉拉德開始討論，每個人都只能記起以前那些無用的、不能解決問題的時刻：「總是導致爭鬥。」（當你們所有人都認為「這樣解決不了問題」時，你們就處在複雜衝突之中了）相反，簡單問題關注解決問題：「我們能想出什麼方法使得股權購買可以對我們每一個人和企業最好？」

路易斯、朱迪和吉拉德相互之間心存芥蒂。當我們感到危險、不自在、困難或感到脆弱時，通常會產生防備心理。當複雜衝突扎根到家族關係之中時，沒有解決的問題會引發防禦機制，阻礙真實的、誠懇的信息交換。在這一點上，防禦機制，例如迴避、否認、攻擊、諷刺或者暗中傷人會阻礙解決問題和做出正確決定的道路。路易斯和吉拉德一直身著盔甲，拒絕相互傾聽，他們發難指責，然后撤退（當憤怒在升級而沉默不止時，你就處在複雜衝突之中）。在簡單衝突中，每一方都在聽對方所說，而且決策過程朝著得出結論方向發展。

衝突是人們對日常工作和生活中的變化和壓力的正常反應。企業中家庭的目標不是根除衝突，而是學會當衝突在每天的經歷中產生時如何解決。通過學習如何在早期解決衝突，家族企業體系就能變得更加有效，而且可以花更少的時間爭吵，而用更多的時間來享受與其他人相處的日子，以及管理企業。

在本章中，我們已經嘗試概括如何呈現反饋給客戶，如何得出解決方案，以及如何制訂行動計劃。諮詢過程的這個階段中固有的就是不可避免的衝突。顧問必須學會區分簡單衝突和複雜衝突，然後創造信任和開放的氣氛，讓這些衝突浮現和得到管理。要做到這一點並不容易，但是它是實現成功諮詢介入的要素。接下來在第五章中我們要討論干預階段。儘管這

些步驟被描述為非連續的階段，但與客戶的合作過程絕不是線性的。反饋階段包括了干預，而干預工作也涉及一系列的反饋與計劃。第五章是以衝突解決、計劃、顧問在變革過程中的角色為基礎展開的。

在示例4.5中，我們列舉了幾個練習，可能對顧問幫助家族提升溝通、問題解決的技能和衝突管理的技能有用。

示例4.5　靜修會練習

這些示例和練習要針對各個家庭的情況量身定制，以適合他們的技能水平和功能水平。

基本原則

顧問要為每個家庭制定基本原則。顧問要給出建議，家族以此為基礎增減。可能的規則如下：

（1）在這個房間裡所說的就限於這幾個人知道，除非有其他的決定。

（2）積極傾聽。如果過程中卡住了，看看你是否能重複其他人所說的內容，或者可以通過提問來理解你錯過的內容。

（3）把家族和企業的目標放在首要考慮的位置上。不斷地問自己：「什麼對家族和企業來說是最好的選擇？」這不是說你就不考慮自己的感受。實際上，你可以把自己的感受當作有價值的資源。

（4）一次只有一個人說。每個人都會有機會說。

（5）保持開放的心態。記住，「屁股決定腦袋」。

（6）用第一人稱表述。不要指責和攻擊；就說你怎麼感覺的或者你怎麼想的。

（7）理解邊界。意識到並清楚你戴的哪頂帽子。家族企業的成員通

常戴著不同的帽子。今天，任何一次表達時先說你戴的哪頂帽子：是兄弟、父親、總裁、兒子、女兒還是其他什麼？

3寸×5寸的卡片活動

你的包裡有3寸×5寸的小卡片，在一面寫下你的家庭角色，在另一面寫下你的企業或所有者角色。當你參與討論時，你當時是基於哪種角色在表達，就把卡片翻到那個角色。（有個顧問說，他把新年晚會的帽子帶去，而且為每個角色做了卡片，當客戶的角色發生轉變的時候，他就要求他們把對應的帽子戴上）

設定議程

根據SWOT報告，顧問推動一個討論來確定工作的優先順序。顧問提問：「什麼決定和計劃必須現在做而不能再等？」然后在白板上列一個重要問題清單。這些項目是來自於SWOT分析中的劣勢和威脅。大家通過達成共識，有時候也通過投票來確定白板上所列問題在接下來的工作和計劃中的優先順序。

「由內而外」的冥想

大家用冥想來結束一天的工作，之后不會再有討論，以此來實現「蔡戈尼效應」[1]。顧問可以用以下的說明來引導冥想：

---

① 當一天結束而任務還在進行中，完成未盡事宜的需求依然存在。柏林大學的科特·劉易斯的學生勃魯姆·蔡戈尼在20世紀90年代證明了這個觀點。劉易斯是個天才，能夠從每天的事件中構建理論。他留意到自己最喜歡的一家咖啡店裡的侍應生如何把所有的任務裝在腦子裡的，不管有多少客人，不管他們吃什麼，或者坐得有多遠，侍應生都能記住。但是，一旦客人結帳后，他立馬忘掉這些點餐。通過一系列實驗，蔡戈尼指出，我們會建立一個能量存儲，能量在任務完成過程中不斷釋放。通過在兩個晚上打斷任務，我們能保持學習的活力，而且第二天早上也能更快回憶。這種現象被稱為「蔡戈尼效應」（維斯博德和亞諾夫，2000）。

絕大多數成功的計劃和決定都從內心開始，來自於你個人的價值觀、自我意識和內心中感到重要的東西。向內尋找和理解是什麼給你生命力和能量？什麼對你來說很重要？什麼又是你最看重的東西？你想成就什麼？你上一次感到最投入、最有活力的工作經歷是什麼時候？你怎麼才能重新找到這種感覺？你想留下什麼遺產？你想被人們怎樣記住？現在想想這週末你想貢獻什麼？你在與家族和企業的相處方式上想改變些什麼？你想從其他人那裡學到什麼？在靜修會結束時，你想家族收穫什麼？你想自己收穫什麼？現在，我們不做進一步討論，把這些思緒留給自己，然後為了明天的工作好好休息。帶著這些問題去睡覺！

戰略計劃過程

（1）做一個有關戰略計劃的小講座，包括幾個要點：你做了哪些事情，而不是你想過要做哪些事情。

（2）基於定性數據和價值觀（參考前一晚的冥想），自己四個問題：

我們現在在哪兒？

市場有哪些變化，哪些沒有變？

我們要去哪兒？

我們如何能到達那裡？

（3）計劃過程：

澄清使命

確定關鍵問題和趨勢

設定目標

確定並寫下三個 W：要做什麼？誰來做？什麼時候完成？

執行

設定評估時間

頭腦風暴

當需要創造性解決方案，或者問題比較複雜，或者參與者太快地跳到答案或解決方法上去的時候，我們就需要這個技術。這也是事情陷入困境的時候，一個有趣的休息。頭腦風暴依照以下的指導來開展：

(1) 告訴參與者他們要對一個問題提出可能的解決方案。

(2) 給他們 10 分鐘。

(3) 不允許批評。

(4) 能定量最好。

(5) 想法越離譜越好，找到暫時最好的想法。

(6) 鼓勵在其他人的觀點上搭便車，這也被稱為「借道」。

如果在一開始想法就不荒謬，那麼就沒什麼希望了。

—— 阿爾伯特·愛因斯坦

自主性溝通(區別三者的不同：自主性、消極性或者侵略性)

自主性語氣：

(1) 觀點、感受、想法以一種直接的、不會疏遠他人的方式表達

(2) 平靜、清晰的語言

(3) 尊重分歧

(4) 用第一人稱清楚表達

消極性語氣：

(1) 部分表達或有所保留地表達觀點、感受和想法

(2) 委婉和間接的方式

(3) 話裡有話

（4）對自己說出的需求和想法表達歉意

侵略性語氣：

（1）真誠地表達觀點、感受和想法，但是不考慮他人的感受

（2）直接、大聲地表達

（3）用嘲諷、威脅、貼標籤、手指著對方、指責等方式表達

（4）攻擊他人的觀點和感受

魚缸練習

顧問找兩個自願者，他們之間有未解決的簡單衝突。（顧問要用評估中的信息來選擇，確保這兩個自願者之間的分歧有解決的可能！）然後，要求他們描述衝突/分歧。在其他人觀察的同時，兩名自願者嘗試達成一個協商的解決辦法。他們可以要求其他人給予幫助和指導，花點時間來做頭腦風暴，嘗試用自主性而不是消極的和侵略性的表述方法。顧問用這種方式來教會每個人如何達成解決方案，如何處理在這一刻沒法解決的問題，比如需要更多的數據或其他意見，或者決策的時機還不成熟。

車輪練習①

這是對《第五項修煉》中的「多視角」的改編版本。這個方法最初是用來拓寬團隊的觀點，對家庭成員欣賞其他人的觀點和辨別自己在衝突中潛在的角色也很有用。

第一步

做一個直徑2.5米的圓盤（乾淨的比薩盒子就可以）。

---

① 「車輪練習」出自皮特・M. 森吉、夏洛特・羅伯茨等人所著的《第五項修煉》。版權歸屬於皮特・M. 森吉、夏洛特・羅伯茨、理查德・R. 羅斯、布萊恩・J. 史密斯和阿特・克萊納。經 Doubleday of Random House 許可后使用。

第二步

把輪子像比薩那樣分成幾塊，在其中一塊上，每個人根據自己的理解在名字前面寫下自己的頭銜。如果你要問一個廣泛的描述（「家族的強項是……」）或者對問題的解決辦法（「哈利特是這樣看問題的……」），提前決定用哪一塊。比如，莫特的名字靠近銷售副總裁（家庭和企業）或者靠近哈利特的名字（所有者、家庭、非企業成員），並且完成這樣一個句子：「從我作為銷售副總裁的角度，我看到的問題是……」或者「從哈利特的角度，我認為問題的解決辦法是……」。在白板紙上記錄下所有的評論，就好像你處在那個人的名牌上。

第三步

你很快就能獲得體現每個人觀點的描述。你可以做一個整體的討論，也可以從不同視角出發解決問題。這個練習會挑戰每個家族成員對其他人的假設，激發解決問題的創造性思路。

思維導圖

這個練習是對未來尋找會議（維斯博德，詹諾夫，2000）的思維導圖技術的改編。

第一步

讓每個人都到一張貼在牆上的 6×12 的屠夫紙前來，這張紙的正中央畫了一個圓。你告訴參與者：「我們想畫出對你們家族企業有影響的所有外部和內部的變化。這是一個互動的過程，想法和連接越多越好。」

第二步

每個被叫到的人都要說出一個趨勢。比如，「對更好和更快的服務的要求越來越多」「紐約地區的銷售減少」「家族越來越大」，或者「對環境意識的需求越來越大」。每個趨勢都要寫在從圓的中心發出來的一條線

上。畫完線后，看看哪些有聯繫，然后把相關的問題分成一組。如果有相反的趨勢（比如增加衝突和減少衝突），兩種觀點都被允許。對每個趨勢，都要求給出一個例子以便理解持該觀點的人的想法。

第三步

顧問給每個人5~7個彩色圖釘，由干系人的組來選擇圖釘顏色。這個可以根據他們在家族企業系統中的位置來選擇（比如所有的企業所有者都用藍色圖釘），或者根據他們在家庭中的位置和角色來選擇（所有小孩兒都用綠色圖釘）。有些人可能有多個不同角色。每個人都把圖釘釘在自己認為最重要的趨勢上面。他們可以把7個都放在一個趨勢上，或者4個在一個趨勢上，3個在其他趨勢上。隨便放。

第四步

家庭成員討論他們觀察到的情況，然后給出自己的解釋。

第五步

家庭成員在此之后或第二天早上緊接著討論行動計劃。

第五章　對家族企業的干預

盛開吧，該死的，盛開吧！

——W. C. 菲爾茲對他栽種的總不開花的玫瑰叢寫的一條筆記。

在本章中，我們將提供思考如何干預的框架，還有一些可以添加到你的工具箱中的建議和提示，以便增加你的本領，準備好應對不可預知的情況，而且避免照本宣科和打包的設計。正如比利·雪莉黛所說：「我不能站著用同樣的方式唱同一首歌……這不是音樂，這是密集隊形操練，是一場練習，但就是不是音樂。」我們想和客戶一起製作音樂，創作一種「愉快的聲音」，為了達到這個效果，需要創造力、關心和自我管理。客戶系統要從你提供的那些有用的消息、設計和信息中選擇。為了這一點，我們必須既知道什麼對他們來說有意義，也需要給他們提供足夠的看起來有用的東西。在本章中，我們還會討論有計劃的、經過慎重考慮的可以帶來變化的嘗試。這些變化還可能影響無意識的過程。但是，真正的變化通常既無法預測也無法設計。

為了開始討論如何成功地對家族企業實施干預，簡的一次諮詢干預可以幫助說明在計劃變革時遇到的一些問題。當她參加一個關於家族企業傳承的早餐會時，簡挨著一位五十來歲名叫凱瑟琳·格雷的女士。這位女士告訴簡她自己關於女性能繼承父輩的企業的想法。當她開始告訴簡有關她家族企業的事情時，討論變得很活躍。幾天後，簡收到凱瑟琳打來的電話，凱瑟琳想請簡去見見她的父母和兩個兄弟，「看能不能幫助我們走出困境。」

在匹配會上，簡瞭解到大約在六十五年前，凱瑟琳的外祖父金·凱利和他的兄弟鮑勃·凱利創建了這家汽車零售企業凱利汽車。叔叔已經去世了，沒有留下后人，所以企業就傳承給了金。最終，凱瑟琳的母親安和父親喬也加入企業，並在金年老的時候接管了企業。金在 1970 年的時候去世，企業的所有權和管理權就轉交給了安和喬。

安和喬都快八十歲了，還把部分時間用在企業管理上。他們每人每年拿一萬美元的薪水，熱愛工作，生活簡樸，開銷也不大。十二年前，凱瑟琳辭去銀行經理的職位，回到家來幫助打理企業。父親給了她總裁的頭銜，每個人都認為她會成為企業的繼承人。她兩個年輕的兄弟也參與了進來。四十九歲的小喬是銷售經理，四十五歲的丹負責維修店。兩個人都沒有經營企業的興趣，但是都希望保持企業的所有權。兩個兄弟都已結婚並各自有兩個十來歲的小孩。凱瑟琳沒有孩子，而且與她住在州外的丈夫邁克「友好分居」。企業裡沒有其他的姻親了，儘管小喬的大女兒辛迪在夏天時到辦公室工作，說她想畢業后在這裡工作。她現在是州內一所學校的大二學生。

在匹配會上，這個家族提出了如下問題：①父母持有公司所有股份，他們唯一的遺產計劃就是正在寫一份遺囑；②誰來做決定一直都令人困擾；③「我們需要建立一套企業和家族之間溝通的方法」。凱瑟琳和她的兄弟都認為安和喬在沒有諮詢家族成員，甚至在他們不知情的情況下做了一些魯莽的決定。他們也不知道企業現在面臨的問題。最近的一個決定是出售一塊凱瑟琳原本打算用來擴張零售店的地產。她為此做了很多研究，並認為這塊地可以讓企業更能被客戶看到，也可以增加銷售。

儘管在這個小的農業社區中沒有太多競爭，但簡還是感到驚訝：企業在這種情況下居然可以持續這麼久。不過，這個社區正在發展變化，其他的汽車零售商在逼近這個區域。第一次會后凱瑟琳發來一封郵件，寫道：「我在這次會上呼吸到了些新鮮空氣。」

簡同意和凱利一家合作。在評估階段的個人訪談中，凱瑟琳爆料說她曾經是一個躁鬱症患者，需要通過藥物來控制自己。這個病是家族遺傳的，她的外祖母也有，她認為丹可能也患有這種病，儘管他不承認。這是凱瑟琳決定不要小孩的原因。另一個由安和喬提到的問題是銷售在下滑的現實。在得知這些信息並取得家族同意後，簡和企業的會計師菲爾和律師南希做了一次溝通。在取得家族的同意後，他們認為讓企業的其他顧問盡早參與這個過程很重要，他們應該被加入到最初的訪談過程中，並且在這一點上，需要家族決定是否讓他們參加任何的家族會議。在一些案例中，還需要有治療師的參與。這樣做的原因就是他們手裡有很多家族需要聽取的信息；他們是解決方案的一部分，需要知道這些情況；他們與家族成員之間有長期的、類似家庭成員的關係；而且他們的參與會「約束」這個過程（更多有關顧問團隊的內容見第八章）。如果有證據顯示顧問不勝任工作、經驗不足或者顧問本身就是問題，情況可能會更糟糕。顧問在訪談中必須對此很敏感，而且要決定如何處理這些問題。顧問在這個案例中可以做幾件事情：教育家族成員以便他們自己可以找到解決方案，或者引入外部的專家。我們的經驗是，在面對複雜的家族情況下，顧問會歡迎其他的幫助。每一個情況都必須得到關注和敏感的處理。

在凱利汽車案例中，兩個顧問都被警示了當前虧損的財務狀況。一些工作已經很快得到開展，他們很擔心顧問忽視了這些警示。而且除了凱瑟琳外，他們希望顧問處理所有的法律和財務細節。當簡問凱瑟琳為什麼沒有在第一次會議上提到這些問題，她說「她沒有想到問題這麼糟糕」，而且她「不想讓家族有不必要的擔心」。她開玩笑說：「所有的企業都有潮漲潮落的時候，就像她自己一樣。」

在干預家族企業之前，簡認為她要回答幾個問題：

（1）任何干預的聚焦點在哪裡？——企業，家族還是所有權系統？

（2）應該從財務狀況開始嗎？哪些技術性問題我需要處理，比如銷售下降、競爭上升還是零售方向的戰略計劃？

（3）對財務出現問題的否認該怎麼處理？

（4）需要在相關問題上給家族提供教育嗎？

（5）應該從家族成員之間的溝通問題著手嗎？

（6）是否要讓他們坐下來瞭解事情有多糟糕？

（7）我要介入多私人的問題才能促成改變？

（8）凱瑟琳的病多大程度上影響她的判斷？

（9）如果可能，有什麼可以幫助她的病情？

顧問在採取行動之前，需要回答這樣幾類問題。在本章中，我們會探討如何回答這些問題，以便選擇恰當的干預策略。

對家族企業的干預

從字面上來看，干預的意思就是「走進去」。這就是執行階段要做的事情，也是科特·列文的「解凍、行動/變化、重新凍結」三階段模型中的「行動和變化」階段。打個比方說，這就像是我們在客戶人生階段中的其中一段上車，然后在終點之前下車。在和客戶一起的旅程中，我們對有關火車（變革過程）的速度、方向和目的地問題都需要仔細地思考。我們也想強調反反覆覆的變革努力。在我們與客戶的互動中，隨著我們學習和傳授新的解決方案，一些模式浮現出來。［我們可以從生命科學和組織變革中瞭解更多內容，參見奧爾森和恩楊《促使組織變革》（2001）］

作為顧問，不管我們做什麼或者高效與否，家族企業都會在我們介入之后變得跟以前不一樣了。它們可能變得更好，也可能變得更糟。但是能確定的是，它們一定變得不一樣了。我們的出現改變了環境。就像任何進

化過程，環境的改變，不管有多小，都會導致種群性質的變化。比如，我們的一個同事開發出一個軟件，用來分析和管理家族企業的「有形和無形財產」。他發現，完成一個有深度的問卷調查是一種有力的干預。這一點並不讓我們感到意外。同樣的，我們在介入之後也會變得不同。問問你自己：「每一次對客戶的干預你都學到了什麼？」「每次干預之後我們變得怎樣不同？」「如果還沒有改變我的想法和工作方式，這是為什麼？」「客戶發生了怎樣的變化？」

行動研究模式的執行階段

一旦我們理解了客戶問題的本質，而且有很好的理論做武裝，我們就可以採取行動，選擇合適的干預策略幫助客戶解決問題。表5.1概括了目標、問題、期望的結果、風險和與諮詢執行階段有關的問題。

表5.1　　　　　　　　行動研究模式的執行階段

目標	問題	期望的結果	風險/潛在問題
幫助客戶系統有效管理變革過程	根據收集的數據和顧問與客戶之間的相互反饋，最有效的干預是什麼？變革過程中最可能出現的反應是什麼？需要什麼層次的干預？變革過程的焦點是什麼？什麼類型的變革才能達到雙方認可的目標？對特定的家族企業最恰當的多學科團隊是怎樣的？抵制可能是什麼樣？顧問如何應對這種抵制？（有關干預的持續提問會為下一步要採取的行動提供答案）	在反饋會議中達成雙方認可的目標	結果通常不可預見。不具備靈活性，對著家族企業照本宣科。沒有在幾個系統之間找到平衡，任由事情發展。同樣的訊息、過程和行動對不同客戶產生的結果不同。自身能力有限。把家族達成目標的能力看得過度簡單或者不夠簡單。對家族的反應沒有做好應對準備。沒有用一種家族能夠完成的方式引入干預。對家族的接受、抵制、拒絕、聯合等行為沒有做出有效回應。沒有對變革開始後的連鎖反應或者社會增效做好準備

根據我們的經驗，執行階段的成功與以下因素相關：①客戶帶來了什麼；②顧問帶來了什麼；③客戶與顧客在諮詢介入的目標上達成一致的程度。

客戶帶來什麼

我們發現如果客戶的家庭運轉不錯，沒有防禦心理，而且有解決問題的動力，那麼，相比那些經歷嚴重問題，伴隨著否認、防禦、與顧問有分歧或者家庭成員相互之間存在分歧的家庭來說，更容易成功。一些客戶也可能缺乏資源、耐心或者勇氣在做出必要變革的路上走得更遠。那些希望為自己和企業創造新的未來，開放、樂觀、也有精力和資源來做出必要變革的家族是最成功的。因此，顧問在做完初步評估之後，可能會發現家族還沒有做好變革的準備，那就可以停止干預，或者幫助家族做出必要的承諾和取得必要的技能來管理變革過程。

顧問帶來什麼

不僅僅是家族需要為變革做準備，顧問同樣要為此準備。正如我們之前提到的，顧問要具備契合客戶問題的恰當的技能組合（更多內容參見第七章）。根據我們的經驗，顧問如果沒有解決特定客戶問題的適當技能，也不願意讓其他專業人士來提供幫助的話，就是在犯玩忽職守的錯誤，還會給客戶造成傷害。顧問還有可能錯誤地估計了客戶對變革的準備程度，因此過快或過慢地推動客戶行動。一些客戶可能需要更多的安排才能管理變革過程，但是其他一些客戶可能願意面對更多的不確定性。因此，顧問必須有技能和洞察力來滿足每個客戶獨特的需求和特點。我們還發現，顧問如果能教會客戶新的技能，能夠與他們分享新的運作方法就更容易成功。傳授和塑造新的行為通常對處於不良營運模式中的家庭來說極

為重要。有效的顧問比較耐心，可以預判幫助客戶需要的時間和精力。無效的顧問通常低估所需的時間和精力，因此不能通過整合所需的資源來取得成功。在和家族企業共同工作的過程中，我們發現非常重要的一點是要把客戶當成人和家庭成員來關心，我們也會成為客戶恐懼、希望和夢想的一部分。這讓我們有機會能夠深入地觀察客戶，建立起超越商業世界裡典型的客戶與顧問關係的情感和社會聯繫。最后，如果顧問有能力和客戶協同工作，創造性地解決問題，那就是最成功的顧問。家族企業面臨的問題通常在一開始看上去難以應付。但是，憑藉創造性思考和與家族的合作，顧問通常能夠幫助家族，使他們想出應對即使是最困難問題的解決辦法。

對變革過程的目標達成一致的程度

作為一個成功的顧問，我們要考慮的最后一個因素是顧問和客戶之間對變革目標的一致程度。雙方之間必須有高度的相互信任和尊重，而且必須對諮詢目標達成一致。顧問與客戶共同設定行動目標很重要。那些傾向於做過多承諾、把自己的目標和價值觀強加給客戶、不能讓客戶參與進變革過程中來的顧問注定要失敗。顧問與客戶之間的信任是關鍵。因此，顧問必須要履行他們的承諾，而客戶也必須這樣做。在許多方面，這一點就跟客戶要按時向顧問付款，以及顧問要按時交付諮詢成果一樣重要。缺乏相互的信任和尊重，以及願意和對方合作的態度，諮詢就會失敗。

變革系統

變革系統包括了客戶和顧問（格林，1988）以及他們之間的反饋系統，也就是相互影響過程與交互反應。變化不會呈直線型而是無規則地發生。真實狀況存在於顧問和客戶在問題逐步展現出來時，雙方對這些事件的反應之中。有些人主張保持「穩定狀態」或者「平衡」是諮詢的目標。

但是，博克（1994）提到，顧問通常「過分強調客戶要達成穩定狀態和平衡」。人生的真諦本就是變化。我們需要轉換思維：真實的世界很少是穩定狀態。家族企業有各種變量，很難長時間保持靜止來達到穩定狀態。「生活的姿勢就是飛翔。從看似平靜的一段距離……然而，一點點靠近，輕快地掠過這邊那邊，就好似在向世界展示，在這一刻一直準備著朝著一千個方向中的任意一個起飛。」（維納，1995）。事實上，我們作為變革推動者的工作就是：①挑戰現狀；②傳授和塑造能夠幫助客戶處理生活不斷變化這一性質的行為；③幫助客戶把變化看作一種適應和生存的正常的、必要的情況。

通常都是在混亂的邊緣才會出現創造性。在現代意義下，混亂不等於無規則，而是處在規則與不規則之間精致的平衡，是一種充滿動力的張力。一個系統的框架可以幫助我們接受堅持與變化之間張力的挑戰。凱利家族正因為他們的財務狀況、凱瑟琳的健康問題，以及雜亂的溝通接近了混亂。但是他們互相關心並忠誠於其他人，在社區裡有好的家族名聲，而且有才干的員工讓他們渡過難關取得成功。整個沉睡中的農村小鎮正在變成一個大都市的居住社區。外部的變化帶來了機遇和威脅，而他們存活的關鍵是適應這種變化，重組並利用好家族企業體系中強項的能力。

需要的變革類型

因為變革通常是干預的目標，我們需要清楚地知道所需的、可能的變革類型。變革類型主要有兩種：漸進變革和根本變革。

漸進變革或者第一階變革

貝克哈德在《變革本質》（貝克哈德，普理查德，1992）中論述了漸進變革；家庭治療師則把它稱為「第一階變革」或者在系統內、遵循現

有規則發生的變化。第一階變革是演進和持續的，可能包括：

（1）對工作角色或家族參與的重新調整。以凱利家族為例來說，就是每個人都討論他們可以做些什麼來創造更開放的溝通。

（2）做一個精緻的調整或者調整提升業務的程序，但是不對其做根本性改變。凱利家族可以全體努力工作，增加銷售，把展廳做得更現代化。

根本性變革或者第二階變革

根本性變革或第二階變革涉及對系統規則的改變，最后導致系統本身的改變。因此，這種類型的變革是革命性的、不能持續的，它包括：

（1）對組織文化、願景和戰略的重大改變。以凱利家族為例，這可能就意味著開設新的門店、改變現有的願景和公司產品。

（2）對公司家族運作方式的重大調整。這可能包括為繼任和管理建立新的體系、出售公司或者將公司拆分成由各個兄弟姐妹管理的獨立的公司。

對顧問來說，很重要的一點是區分所需的變革類型。漸進式或者第一階變革要求的時間和工作較少，一般來說也不會引起強烈的抵制。相反，第二階變革通常會有客戶重大的範式轉換。他們會被要求以非常不同的方式思考、感受和行動。這種變革可能需要很多時間和精力——甚至可能因為客戶的特點不能發生。選擇所需的變革類型，顧問必須知道他們要達成必要的變革到底要介入多深。

關於深度

羅杰·哈里森（1970）在《選擇組織干預深度》一文中提到「一個用來思考家族企業干預的有用框架」。表 5.2 是對哈里森框架的改寫，概括了對家族企業系統干預的可能性，以及對凱利汽車的應用。

表 5.2　　　　　　　　　　　　　　干預層次

層次	任務	干預/例子	凱利汽車
T-1	企業、所有權的分析和提升營運：在企業和家族中的角色與功能；銷售；法律主體；所有權結構；戰略計劃	設計任務中的角色和角色關係、資源、企業營運；評估企業要如何做以及環境壓力；評估顧問委員會和董事會的功能	誰做什麼事？工作描述：誰做哪些決定？財務構想；戰略規劃。法律、稅務、父母遺產計劃的財務構想；建立外部委員會；戰略規劃
T-2	為執行所作的個人要求和安排：個人能夠也可能達成的工作；工作描述；評估	對員工的選擇、任用和評估，包括家族與非家族員工；通過獎懲實現對績效的影響；對非家族成員的薪酬福利包	任用最好的人；薪酬福利；培訓員工；招聘和辭退政策；員工手冊；崗位的招聘計劃
T/E-3	工作關係分析：個人如何感知他們的角色，他們看重的和貶低的是什麼；整合繼任計劃	讓個人作為工作的開展者或者功能的執行者，而不是陷於關係：給家族做導師方案；家族成員的薪酬福利；基於價值觀的戰略計劃	家族的長期戰略計劃以及對企業的參與；家族的導師計劃、獎勵體系；對未來角色的開放討論。組建外部委員會。發展家族成員的技能。促成家族會議
E-4	人際關係：關注感受和態度，個體對其他人的感受；兄弟姐妹之間的關係；父母；家族互動關係	關注組織之間、組織與個人之間、個人與個人之間的人際關係、接受、拒絕、信任和懷疑的本質；努力創造開放氣氛，幫助個人實現人與人之間的互相理解；兄弟姐妹的團隊建設、衝突；家族溝通與歷史。體驗式活動；溝通聯繫	兄弟姐妹的團隊建設；家族溝通；團隊動力；三角關係、替罪羊；家族角色與企業角色之間的邊界。家族和企業的價值觀和使命
E-5	個體的分析：個人深層次的態度、價值觀、感受；聚焦在提升個人可以理解意識和能應對的經驗方面；個人感知、自尊、癮癖	干預可能包括非語言和非人際間的戰略。治療：個人、夫妻、婚姻。領導力和高管教練；教育/行為治療；身分問題	凱瑟琳扮演好自己角色的能力；丹對疾病的否認；教練兄弟姐妹進入高管團隊；父母放手和為下一階段計劃的能力

T=技術層面　E=情感層面

根據哈里森框架改編。

選擇合適的干預方法背後的假設包括：

各個層面都需要特定的技能和能力。比如，律師可能需要處理公司的法律結構重組或者繼任計劃的法律問題。會計師可能要處理股權購買的稅務和財務細節。組織發展專家要能夠配合兄弟姐妹的團隊建設和為家族制定合理公平的薪酬福利。訓練有素的治療師則需要解決干預中的個人內心溝通問題。

技術性和情感性問題存在於再強化圈裡。技術方面的提升，比如清晰的角色和角色關係、良好的遺產計劃制訂、公平的薪酬福利包，這些都能夠促進更健康的情感關係，反過來支持企業和創造性的計劃。

層面越低，問題越隱蔽和私密，接觸和改變的困難和風險更大。雖然說第二階段的變化只是更低干預層次的結果聽起來比較有吸引力，但是並不是所有情況都這樣。大事件可能只有小影響，而小事件可能有大意義。輸入不一定和輸出成比例，特別是在家族企業這種有太多變量的情境裡。所以，我們需要有敏感性、有策略地對待或小或大的干預。例如，在一次家族靜修會中，一名會計師不是顧問團隊的成員但是與父母有深交，他問了一個表面上看著很簡單問題：有關家族裡一名三十歲的孩子，提到他對未來的計劃。這個兒子患有臨床抑鬱症，所以不能想像他的未來，他哭著離開了房間。他的反應和父母的反應改變了最初有關繼任計劃的諮詢路線。這個簡單的事件有著重要的作用。對這些事情的誤解可能會導致影響深遠的變化、連鎖反應和把小事搞大。（這個偶然事件也可能說明多學科團隊的挑戰：形成好的合作關係，注意在這個靜修會中誰做了什麼很重要）

財產和負債一直處在從有形的（T-1）到無形的（E-5）的連續過程中。我們可能只用有形的、看得到的、客觀的方式干預；連結的模式、指導的價值觀以及持續存在的劇本都不能有意識、有計劃地設計。但是任何

層面上的變化可能都同時是有形和無形的、能看得見或看不見的。比如，凱利家族財務願景的改變（第一層次）可能對家族成員的安全感有很大的影響。在凱瑟琳或者其他家族成員中的第五層次（最私密和不可見的層次）的變化，可能對公司營運和財務願景有重大影響。儘管是私密和個人的干預，領導力教練則可能對整個公司有影響。

　　家族企業具備有影響力的、強烈的感情因素，需要有能夠抵達這些情感更深的干預。比如凱瑟琳的兄弟對她進入企業後就成為總裁怎麼看？兄弟姐妹們有沒有能力勝任這些工作？父母對把企業傳承給下一代的希望和擔憂是什麼？什麼阻礙了這個過程？在第一層面的干預（營運、業務和所有權的分析和發展）或者第二層面的干預（評估個人績效以及為執行設計結構）是不夠的。只有當顧問敢於走到第三個層面（對企業和家族的價值觀與角色開展分析）和第四層面（人際關係）時，才能夠上升到營運，處理公司低績效的問題。

　　層面越深，信息越難獲取。要獲得這些信息需要受過行為訓練的專家的特殊技能。這需要時間、承諾和同意。儘管凱利家族看上去對他們在溝通和決策上的問題持有開放的態度，但我們需要更深層次地去挖掘到底是什麼阻礙了他們做出變化，儘管他們知道需要變化才能生存。還有一點很重要，就是理解否認的程度。這可能是健康的，也可能是不健康的否認。健康的否認是指繼續希望和想像事情會變得更好，同時繼續做可以讓情況變得更好的必要的事情。比如，癌症病人相信自己會變好，但是繼續接受必要的化療、放射或者手術。凱利汽車不想接受財務問題的現狀，但是在做其他所有他們認為可以改善的事情。不健康的否認是指繼續相信事情可以變好，但拒絕所有機會，不接受必要的治療或者做需要做的事情。比如，凱利汽車不僅否認財務問題，而且不做任何提升現狀的事情。

　　低層次的收穫在非家族企業中可能不會發生轉移，但在家族企業中更

容易發生轉移。情感和個人影響在家族企業中更大，特別是在處理有關所有人和高層管理者的問題的時候。

哈里森（1970）在文章中提到的指導原則同樣適用於家族企業。因此，顧問應該：

（1）「干預的層面不應該超過能夠對當前問題帶來持久解決方案的程度。」

（2）「干預的層面不應該超過客戶當前能夠對解決問題承諾的精力和資源的程度。」

在評估階段對財務的提問僅僅是故事的一部分；你還需要知道家族裡誰有精力、意願和權力來做出必要的改變。凱利家族可能都說他們想改變家族溝通的方式或者企業營運的方式，但是可能沒有錢、時間、精力堅持去改變。對此，我們可能還要做到：

（1）干預不要超過你的能力和受訓範圍；

（2）干預也不要超過最初合同約定的範圍，除非取得客戶同意。

為了處理凱利家族對財務問題的否認，簡不得不取得他們的同意才能把這個問題納入議程。沒有客戶的許可，他們的抵制會壓倒這個過程。

要記住技術性干預會在情感層面產生回應。在成人發展中，精通工作對自尊很重要。我們如何看待自己不僅會影響我們與他人合作的能力，而且會影響我們理解和尊重他人觀點的能力。技術性干預的成功程度往往取決於情感領域所發生的事情以及變革系統（客戶+顧問）對此的反應。根據經驗，我們發現另外兩個很有幫助的方面：

（1）如果聚焦在技術問題上沒有得到反饋，可能就是時候需要進入到情感層面了，假定客戶和顧問都對此有準備。比如，在第四章的瓊斯家族案例中，之前的顧問只關注了技術層面（第一層次和第二層次），最后只是留下了技術解決方案的計劃和筆記。

（2）不要一開始就進入情感層面，但是要為此做好準備。當他們之間建立起了信任關係之后，家族企業可能會邀請顧問進入這個層面。

關於客戶的自我設問

（1）對各個層面你想用什麼方法、干預或者技術？
（2）各個層面需要重點關注什麼事和哪些人？
（3）在每個層面如何獲取信息，以及你需要什麼信息？
（4）各個層面可能面臨什麼問題？

干預網格

圖5.1展示了一個描述不同干預類型的框架，這些類型劃分在兩個連續區中。在「技術—情感」連續區中的干預層面在圖上與「過程—內容」連續區相對。比如，一個在技術信息和內容方面高，但是在過程和情感層面低的干預，可能是一場稅務研討會或者教育項目。相反，家族靜修會在技術信息和過程方面都高。這個坐標指出了顧問在和家族企業客戶共事時所需要的技能組合。如果問題高度情感化並且和家族過程相關，那麼顧問很可能就需要一些治療方面的技能。如果問題只是內容導向——家族需要知道如何達成購買協議——這時候顧問可能需要的全部內容就是技術性技能。在一些案例中，比如顧問主持一次家族靜修會會議，多項技能的組合就非常必要。很重要的一點就是顧問要認識到在干預家族系統時，成功所需的技能範圍。一旦顧問使用了某個或某些具體的干預，他們就需要理解如何計劃和執行干預。

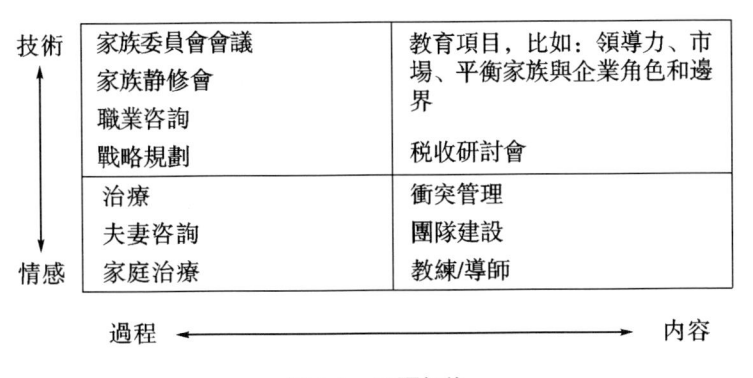

技術	家族委員會會議 家族靜修會 職業咨詢 戰略規劃	教育項目，比如：領導力、市場、平衡家族與企業角色和邊界 稅收研討會
情感	治療 夫妻咨詢 家庭治療	衝突管理 團隊建設 教練/導師

過程 ←————————————→ 內容

圖 5.1　干預網格

不管是在技術還是情感領域取得的成功都會對未來的成功起到強化作用。例如，如果凱利家族召開定期的家族委員會會議，戰略性地規劃家族和企業的未來，他們就會參與到如何更有效處理衝突中去。這反過來也會使他們處在更好的位置上去解決繼任者計劃。切記：在一個層面的成功也會帶來另一個層面上的成功。

抵制

我們寧願忍受目前的折磨，卻不敢向我們所不知道的痛苦飛去。

—— 莎士比亞《哈姆雷特》

在我們把注意力轉向具體干預之前，需要討論一下抵制的問題，因為這是對任何變革過程正常和健康的反應。在加速變革的時代，能夠學會尊重抵制和有效利用對抗的顧問能發現更好的資源。

對抗不是否認也不是與準備就緒相悖。對抗製造出一種慣性，拖延和逃避需要做的事情。它表現出來的是爽約、不做布置的工作任務、逃避未

來或者逃避為未來做計劃或者找許多借口。引起對抗的潛在恐懼會導致放棄或者失控。相反，否認表現出來的是問題的重複發生、假裝事情好像很正常、不尋求適當的建議或者不關心問題。放棄對未來有更好的處理方法的希望的會導致否認。

任何正經歷有計劃或無計劃變革的人必須做以下工作減少對抗：

（1）增加和他人的溝通與互動。

（2）獲取對自己角色與位置的具體信息。

（3）主動參與到變革過程中。

（4）承認過去。

（5）注意辭舊迎新的儀式，因為變革管理的問題可能與不能辭舊，或者不當地管理過去的變化，或者不能展望未來有關。

（6）理解為什麼變革是必要的（回答「為什麼」能夠幫助我們理解和處理其他人需要我們幫助實現的變革工作；「為什麼」是個人思考和感受的過程，因此我們必須用一種對自己說得過去的方式來回答這些問題。兒子可能知道他的姐姐，而不是自己，被選為下一任 CEO。他可能聽到各種原因，比如，「他不是一個自動自發的人」或者「他不能跟進」。但是在他真正搞明白為什麼之前，他都會經歷一段很艱難的時期，不能接受這個決定）。

（7）找到對過程有把控而不是對結果有把控的感覺。

（8）有一些關於變革方向和目標的想法。

（9）具有和責任相對等的權力。

（10）承認和表達伴隨變革發生的感受。

對抗是所有人保護自己進入變革或者應對恐懼的一種方式。如果我們不把它看成是變革的敵人，而是看成保護客戶的朋友，就會有助於我們正

確和有效地處理對抗。作為變革的推動者，我們必須熟悉對抗、瞭解它的一切。我們必須問為什麼會出現失約、拖延、迴避做艱難的決定。對以下問題的回答是進一步推動方案的關鍵：

(1) 是否需要更多信息？
(2) 是不是沒有看到與更深層問題相關的變革之痛？
(3) 對未來是否迷茫？
(4) 家族或企業中是否有人積極地反對變革？
(5) 是否心存恐懼？

干預的類型

戴爾（1986）、沃德（1987）和很多人都對這部分的干預做過論述。我們在這裡不再贅述，而是簡要討論下個人、人際關係或者系統，以及在家族、企業和所有權/治理系統中這三者之間的交互作用。當然，正如我們之前所說，任何干預都會影響其他系統，但是這些干預都有最初的重點。干預層面見表5.3。

表5.3　　　　　　　　　　干預層面

	家族	企業	所有權
個人	・目標設定 ・職業規劃 ・諮詢/教練	・教練 ・技能設定/目標 ・輔導 ・高管教練 ・績效回顧	・決定去留 ・消極股東 ・給非家族成員和姻親的股票所有權

表5.3(續)

	家族	企業	所有權
互動，介於個人和系統之間	・衝突 ・家族角色 ・家族動力 ・邊界 ・退休 ・兄弟姐妹和堂表兄弟姐妹的團隊 ・共同創業人 ・關係問題 ・互動對話	・角色澄清和協商 ・360度評估 ・教育 ・組織結構 ・團隊建設	・董事會 ・顧問委員會 ・所有權人委員會
系統	・家族委員會 ・家族靜修會	・戰略規劃 ・領導力 ・非家族經理人 ・進入/退出政策 ・家族成員和非家族成員的薪酬福利 ・企業文化的職業化 ・架構調整 ・公司的職業化	・估值 ・領導力 ・公司治理結構 ・董事會

根據戴爾的文章（1994）改編。

在本章接下來的篇幅中，我們會對表 5.3 中所列的干預做更深入的闡述：

（1）個人層面：諮詢與教練；

（2）互動層面：互動對話、團隊建設、創建所有人委員會；

（3）系統層面：家族委員會、戰略規劃、治理結構。

我們還將探討與家族動力相關的問題，比如替罪羊、三角關係、溝通、體驗式干預和情景建設。本章末尾提供了一些參考書目。

個人干預

我們作為家族企業顧問共同的角色就是指導或者教練。這個角色很重要，因為客戶經常難以獲得好的反饋，也沒有一個好的董事會能夠傾聽他們的問題和擔心。客戶往往也需要新方法來考慮問題並找到解決問題的策略。客戶還發現如果有人能夠監督他們的改進，給他們勇氣，會很有幫助。我們常常在與客戶建立關係后發現自己在作指導/教練。這通常發生在評估階段或者諸如家族靜修會的早期活動時與客戶的訪談過程中。我們不但會輔導家族企業的領導，也會輔導其他家族成員。事實上，即使是非家族成員也會需要輔導來應對在家族企業中工作所遇到的問題。如果諮詢/教練確實有必要，我們就要在合同階段確定哪些人要參與進來，以及如何執行教練輔導。通常有足夠的理由指出，我們作為諮詢顧問會定期與客戶系統中的關鍵人物會面並輔導他們。如何定義「定期」，很大程度上取決於干預的程度。通常情況下，干預越接近深層次問題、情感問題，就越需要更多的時間。

比如，在我們諮詢過的一家企業中，父親和兒子之間在相互理解上存在巨大的困難。顧問在這個案例中的角色很大程度上是扮演「中間人」，並指導父親和兒子如何更有效地與對方互動，特別是在幫助兒子找到職業目標和激情的問題上。兒子一直掙扎是要在家族企業裡工作還是在其他地方工作。同時，兩個人都需要諮詢顧問來幫助澄清他們作為老板/下屬和父親/兒子的角色。在這個特殊的案例中，父親和兒子在與顧問一對一溝通時會比三個人在一起溝通時更自在、更輕鬆地表達顧慮、恐懼和焦躁。顧問扮演這種角色，是完成工作的有效妥協。

互動干預

當我們進入一個家族企業系統，我們就進入了一張關係網。我們想清楚如何在這張關係網中行駛，會幫助我們避免出現蜘蛛對蒼蠅說「到我的臥室來吧」這樣的命運。這也會幫助我們記住自己的工作，以及我們一開始要關注的重點。

互動對話

儘管關係和界面在所有的諮詢中都重要，但這一點的重要性在家族企業中尤為突出。理查德·沃頓（1987）概述了在處理關係問題中使用的慣常方法之外的互動對話。該方法將關鍵幾方都召集在一起，找到把他們相互分隔的問題點，然后使他們達成共識，幫助他們解決問題和改善關係。吉布處理的一個案例就是個很好的例子。當時他諮詢的一位父親剛剛辭退了他的兒子。這件事在家族裡面引發了各種負面反應（這位父親被妻子趕出了家門，只能睡在辦公室的沙發上）。在這次干預中，吉布分別訪談了父親和兒子，然后把他們叫到一起。父親和兒子都表達了他們的委屈，聲稱自己陷入了僵局。但是，在這個案例中，兩人都認為如果能在一起工作會改善他們之間的關係，修補家庭的裂縫。在聽完兩人各自的陳述之后，吉布清楚地知道問題的主要原因是父子雙方都對對方有不切實際的期望。而且，這些期望之前也沒有說出來或者明確表達過，因此他們不斷發現自己的期望被打破而處於敵對的感情之中。所以，解決的辦法就是讓父子兩人表達他們對對方的期望，確定哪些是現實的期望，哪些是不現實的期望，然后達成明確的書面協議，寫明各自對對方的期望。父親希望兒子在時間問題上更有擔當，並且更好地與企業中的員工合作；兒子則希望父親對自己的工資發放時間有清楚的說明，以及在工資問題上未來有何期

望。兒子還希望父親能夠給他一定的做決定的自主權。這次第三方「斡旋」干預的結果就是，父親和兒子又重新在一起工作，他們的溝通提升了，關係也得到了改善。

團隊建設

雖然之前我們提到一些改善兩人之間關係的干預方法，但是，在其他一些情況下，整個家族或者團隊之間的關係（可能還涉及非家族企業成員）可能需要提升。在這些情況下，團隊建設就是合適的方法。戴爾（1997）和其他許多人論述過很多團隊建設的方法。萊恩（1989）也概述過團隊建設的多種方法。我們發現在團隊建設中特別有用的一種方法是「角色協商」（Role Negotiation）。它的操作步驟如下：

（1）確定需要建設的目標團隊。這個團隊可能是家庭或者包含非家族雇員，但需要是在企業中共同工作，而不是隨便湊在一起的一群人。客戶/家族會幫助你選擇團隊成員。這個方法在家族有相當好的溝通技巧而且功能沒有失調的情況下十分有效。如果團隊成員之間有嚴重的人際關係問題，可能在團隊建設之前先做一對一的訪談或者兩人結伴子來處理爭議會更好。

（2）在團隊建設階段，讓每位成員描述下他們在公司中的正式角色，讓每個人都說明他們實際在做什麼工作（如果在官方角色和實際工作之間有差異）。

（3）在瞭解各人的角色之后，詢問每個成員他們是否認同自己的角色。如果有不同意見，顧問要促使團隊討論，對有分歧的角色達成共識。

（4）讓團隊成員輪流說如果要讓自己有效履行角色，需要其他團隊成員做什麼。大家可以同意給予其他人所需的幫助或者協商用其他方式給予幫助。在這個階段，讓他們不能很好地履行角色的家族問題可能會被提

出來。

（5）在每個人都與其他人協商了需要之後，詢問團隊成員還可以做什麼來幫助其他人更有效地履行自己的角色。

（6）記錄下達成的共識以便將來回顧。

在我們的經驗中，這可能需要一個人花三四十分鐘來完成這個活動，舉行定期的保溫會議來回顧達成的共識和做必要的調整。

我們發現這種方法對團隊建設非常有效，因為它迫使團隊成員去審視如何提升作為團隊一員的個人的作用和整個團隊的互動關係。這個方法還能讓家族成員用合法的方式提出家族動力和其他方面的問題，因為活動的關注點就是提升績效。

所有人委員會

因為家族關係的原因，管理家族企業中家族成員的績效評定是很困難的一件事。一些顧問用到的一種方法是建立「所有人委員會」。成員通常主要是非家族的高級經理人，以及在家族和雇員中已經建立起威望和信任的更年長的家族成員。所有人委員會的成員通常和董事會成員不是同一群人，但是也可以吸收董事會成員。所有人會議定期舉行並主要關注如下問題：

（1）制定家族成員是否能進入企業工作的標準。

（2）確定誰來負責家族成員的績效評估。問題包括：「應該是家族成員的上級？」「如果這位上級也是家族成員怎麼辦？」還是由「所有人委員會來評估家族成員的績效？」（最后這個方法通常都用於對高層的家族成員的評估）。

（3）設定家族成員的薪酬給付指導原則。

（4）設定家族成員的紀律與辭退的指導原則。

（5）決定如何發展家族成員、提升他們的技能。

顧問通常在與客戶見面后確定哪些人組成所有人委員會，以便設定最初的指導原則和解決相關的問題。澄清如何評估和管理家族成員的績效，以及制訂家族成員的發展計劃，有助於減少這個敏感話題下的許多內在衝突。在所有人委員會中任職的非家族企業雇員可能以第三方視角來幫助處理這些棘手的問題，也可以減輕家族企業領導在這個過程中承受的壓力。

系統性干預

家族企業通常沒有一個有效的董事會。沃德（1997）已經指出最有效的家族企業董事會中一定有一些家族外部成員，他們在其中扮演著積極的建議者和批評者的角色。家族企業董事會只是一致協議或者一個橡皮圖章的情況太常見了（戴爾，1986）。如果確實如此，顧問可以和家族一起組建一個董事會來提供所需的指導。顧問與家族一起：

（1）確定可能的董事會成員。能發揮作用的董事會成員通常具有以下特徵：①獨立性；②具有處理企業所面臨問題的知識和經驗；③良好的商業意識；④能理解財務數據。董事會成員可以在行業協會、商會、當地大學裡尋找。你還可以考慮在相似背景下工作過的退休高管。

（2）面試可能的董事會成員，判斷他們的興趣、經驗和技能。

（3）選舉董事會。董事會的規模不能太大也不能太小，一般5~7人比較合適。

（4）幫助董事會管理內部流程。顧問通常一開始要作為「流程顧問」與董事會有幾次見面機會，幫助董事會在決策方面建立起合作，確保一個健康的程序。顧問一般會提供有關團隊互動和程序方面的培訓。

戰略規劃

戰略規劃通常是干預家族企業的重要手段。雖然卡洛克和沃德（2001）已經寫過許多這方面的文章，但對顧問來說基本的方法如下：

（1）家族要制定一個家族的使命和一個企業的使命。

（2）確保這兩個使命要匹配。比如，如果家族希望增加財富，但不願意引進外部職業經理人來幫助公司發展，那它很可能就達不到自己的目標。顧問可以幫助家族整理一些內在的權衡，這些權衡通常出現在試圖達成家族和企業目標的時候。

（3）幫助家族制訂戰略計劃，讓他們能夠達成使命和目標。這包括運用戰略規劃框架，比如沃德（1987）和最近卡洛克和沃德（2001）提到的框架。

（4）監督家族企業在使命和戰略方面的進步。這可以通過參加回顧績效的董事會或者高管會來實現。

為了說明戰略規劃如何幫助家族企業，我們將討論要求對企進行評估的布萊斯家族的案例（在第一章中的案例1.1簡要提過）。在評估階段，顧問發現家族有四個企業——三家很成功，一家則不然。這家失敗的企業是由創始人的一個女兒在經營；創始人用其他企業的利潤（由她另外兩個女兒和自己經營）來補貼這家經營不善的零售店。這個企業是為了給她女兒創造一個就業機會（她在找到穩定工作方面有困難），但是這個公司變成了一個「錢坑」，吞噬了所有企業的利潤。

家族企業委員會會議

家族企業委員會會議有多重功能，尤其是在技術和程序方面。這個組織形式與「所有人委員會」不同，因為它通常是由家族成員組成，不管

他們是否在企業中工作。它也與家族委員會不同，后者一年開一次會，而且主要是解決信息分享、教育、關係建立的問題。家族委員會會議召開得更加頻繁，並且主要集中解決決策問題（對術語的註釋：一些作者和顧問交替使用家族委員會和家族會議，意思是家族的「董事會」，用來提供治理結構）。在規模小的初創期公司或者其他存在嚴重衝突的公司，有必要更頻繁地召開高度結構化的會議。

凱利家族需要召開定期的家族委員會會議，提供一個更正式和有組織的環境來討論家族問題和他們在企業中的關係。家族委員會會議作為有組織、有計劃的機構，需要有關財務的數據和業務技術方面的信息。它還提供一個會議來討論價值觀、政策和未來發展方向。除此之外，定期的家族會議可以產生家族認同感、主題、規則和角色。共享信念的體系（我們是誰？我們做什麼？）能夠建立起在危機、衝突和變革時期把家族凝聚在一起的聯繫。不管是家族會議還是委員會會議都能加強家族聯繫。

示例 5.1 為委員會會議議程。

示例 5.1　委員會會議議程

8:00—8:30	跟進上次會議的行動計劃,更新銷售數據
8:30—9:00	主席宣布新門店拓展的陳述
9:00—9:30	討論其他可能的選擇
9:30—10:00	計劃下次會議之前(兩週內)的行動計劃

示例 5.2 展示了一個行動計劃工作表，這是完成行動計劃的一種方法。顧問展示了這些問題之間的相互關係，以及把他們串在一起來幫助家族系統性地思考和計劃。當你開始執行行動計劃時，很重要的一點就是確

保所有參與進來的人都能準確地理解正在發生的事情。在行動計劃的每個階段，小組成員應該完成工作計劃表內的任務：①需要完成的關鍵任務；②誰來執行這些任務；③什麼時候完成；④如何完成（需要的資源、人力等）。工作表可以複製和分發給所有參與變革的人員，這相當於是變革的地圖。

示例5.2　行動計劃工作表

任務	責任人	完成時間	方式/途徑
銷售動員	小喬	11月30日	與銷售人員開會並根據今天確定的優先任務制訂銷售計劃
確定建造計劃協議	凱瑟琳	10月30日	與建築師、銀行家和律師開會
確定建造計劃	丹、凱瑟琳	11月15日	一起與建築師開會
安排會計師和律師說明繼任計劃	老喬、安	下次會議	聯繫律師和會計師參加下次會議。告知他們在會上家族可能會提出的問題和擔心

委員會會議能幫助家族建立共識，改善和保持開放直接的溝通環境，以及解決他們擔心的問題。為使這個會議有效，需要一些調動互動和幫助解決問題的基本規則和流程，還需要澄清角色。這是一個家族可以用來滿足個人、家族、企業不斷變化的複雜的需要的進化結構，有一個流程來決定參會人、會議目的和目標、會議頻率和議程是很重要的。一些人建議委員會會議按季度或年度召開。我們的經驗是，如果家族在經歷轉型或者處在高度衝突之中，就需要更頻繁地召開會議。任何與家族企業相關的工作

都涉及建立和發展架構、機制和流程，用以促成健康的家庭和企業。家族委員會提供了有組織、定期的會議，還有溝通和決策基本規則，讓每個成員可以發表意見。它還為所有人提供了一個通過陳述來瞭解情況和參與制訂未來計劃的機會。顧問必須參加到過程中，承擔起對具體問題做好功課的責任。

在協助開展第一次家族委員會會議上，我們通常有一個關於什麼是委員會會議（見示例5.3）和此會議是什麼樣的簡單指導模塊。此后，家族會為下午的會議設定議程（見示例5.4）並選出控制時間、記錄內容和維護過程秩序的人。我們有責任協助推動前兩三次會議，逐漸讓家族來接手會議主持。

示例5.3　家族委員會會議指導原則

- 設定時間表——開始與結束時間——嚴格控制時間。
- 同意基本規則（電話、干擾、休息等）。
- 製作會議議程，包括會議目的、主題和每個主題的主持人。
- 對複雜的問題，註明期望達成的結果。
- 留出頭腦風暴的時間（見示例4.5）。
- 留出10~15分鐘時間來評估。
- 制訂每個主題的行動計劃和跟進方法。
- 用達成共識、投票或者其他大家同意的方式來決定誰承擔以下職責：

　　會議主持人

　　時間控制人

　　記錄人

　　會議秩序維護人（負責監控會議是否按計劃進行、時間是否受控，以及是否尊重基本規則）

示例 5.4　凱利家族委員會會議議程

早上
家族委員會：簡介其功能
為下午的家族委員會會議做準備
回顧指導原則、設立議程
建立角色和基本規則

下午
第一次家族委員會會議

　　一個有用的先期準備是讓家族成員說出他們自己的目標和他們認為的企業和家族的目標。每個家族成員用 10~15 分鐘來想想自己、家族、企業的目標分別是什麼，以及時間線。每個人都完成一張像示例 5.5 的表格。接下來是討論，包括任何有衝突的目標、感到吃驚的目標或者對觀察到的目標做出評論。這是參與度的試金石（你會看到，家族成員對未來的看法是多麼不同！）一些家族可能不能自己運作這個會議，有些家族在幾次會后就可以自己主持了。

示例 5.5　目標設定圖樣本

截至 2010 年	個人	家族	企業
凱瑟琳	我希望那時可以退休，回到邁克身邊，生活在充滿陽光的地方！我還希望小喬可以接管企業，或者我們把企業賣了	我希望家族中的每個人可以自己選擇道路，特別是下一代。如果他們認為待在企業裡是最好的，也可以待下來	我希望企業成功，不管是喬做主席，還是將企業出售，或者其他人來管理
老喬	我那時已經89歲了，希望我還能在公司，身體健康	我希望孫子輩能在企業工作——至少有人在企業裡。而且凱瑟琳、喬和丹能夠一起愉快地工作	我希望企業在規模上能夠擴大一倍，銷售額是現在的三倍。也希望我們能給到社區的時間和財富都是現在的三倍
小喬	我希望做自己想做的事情；我熱愛銷售並且很擅長，儘管現在的銷售業績不太好	我希望兩個女兒可以上大學；我和我愛人能有更多時間度假和旅行。也希望家庭能繼續待在這個鎮上，大家一起工作	我希望辛迪在大學畢業后能夠全職在企業工作，我們可以像現在這樣一起工作

　　另一個有用的工具是示例 5.6 的學科互動矩陣。縱向的一欄列出了需要完成的任務，橫向的一欄則列出了情感問題。家族完成這個矩陣，就可以理解任務/技術性問題和情感問題相互交織的複雜性。接下來家族需要為這些技術性問題和情感問題制訂行動計劃。

示例 5.6　學科互動矩陣

情感因素 任務/技術性問題	父母放手	失落感/結束感	每個人之間的關係	凱瑟琳的個人問題與決定	在繼任計劃完成後我們的生活
繼任計劃	老喬和安經歷「放手」的困難時期；因為企業就是他們的生活			凱瑟琳如何能夠接管企業	
增加銷售			小喬擔心當銷售任務增加時，他的靈活時間更少		
業務長期戰略規劃	我們是否能夠或者是否應該把所有者計劃和管理計劃分開				當工作角色發生變化，父母退出企業後，我們的關係會發生什麼變化
其他					

來源於簡·希爾伯特-戴維斯和杰克·沃福德為一次家族企業靜修會準備的材料。

一些有助於家族度過這個困難時刻的指導原則和小技巧：

（1）鼓勵頭腦風暴——試著用新的方法看問題；

（2）努力達成共識和要採取的行動計劃；

（3）確定衝突管理計劃並堅持執行；

（4）持續為未來規劃：小組成員通過思考未來獲得能量，但是因為聚焦當前問題而感到鬱悶；

（5）澄清目標；

（6）清楚地界定角色和基本規則；

（7）建立界限明確的決策流程；

（8）強制執行清楚的行為準則；

（9）傳授對組織流程的意識；

（10）確保提供充分的資源。

最有效的活動在個人層面、互動關係層面和系統層面同時展開。像任何生命系統一樣，一個變化會波及整個系統。看上去很小的變化，比如為家族成員建立績效回顧，可能會激發工作績效的提升。家族會議上的溝通提升可能對管理會議產生影響。基於家族價值觀的戰略計劃使家族成員對公司的方向和他們自己未來的方向都有更好的感受。

家庭動力問題

在討論家庭動力之前，我們先簡單回顧一下在諮詢評估階段發現的普遍問題。

替罪羊

替罪羊這個詞，或者說是「把責任推給別人」，來源於聖經中的儀式：把人們的罪放在山羊頭上，然后把羊送進曠野。這個詞是指被指責的人或者物。在家族治療中，這個詞通常是指父母因為家庭問題無意識地把責任歸咎在小孩兒頭上。它也通常被用來指在工作或家庭中，「表現出了症狀」以及被問題或衝突影響最明顯的那個人。替罪羊通常是家庭和企業中大家憤怒的對象。如果家庭或者企業是個封閉系統，把替罪羊除掉但不改變互動模式，那麼就會出現另一個替罪羊。通常我們這些職業人士會接受這種情況，而不會去挑戰這些前提。

三角關係

這個概念來自於代際家庭治療師默里・博文（1976）的著作。三角關係是指兩個人不能解決相互之間的衝突，或者對關係感到痛苦，從而把第三方牽扯進來。三角關係是一種正常的反應，而且短暫的三角關係存在於每個家族中。這種關係只有在同樣的人在一段時間內因為同樣的原因重複這個過程時才會導致失調。

找來第三方是迴避問題、暫時降低衝突程度的方式。但是，過一段時間，那些長期存在三角關係或者長期用三角關係來取代問題解決的家族在業務或整個家族任務上都不會成功。許多衝突的基礎都是因為存在一個三角關係。另一個長期三角關係的重要教訓就是，顧問也會被捲入這種關係，特別是在衝突激烈的家族中尤為如此。當家族成員想要把我們推進三角關係中時，就會偏轉變革過程的力度，因為我們在這種情況下保持創造力和對情況的判斷是很困難的。一個例子就是兩個長期有衝突的親屬，其中一個試圖讓顧問相信本人這一方是對的，另一方是錯的。這時，顧問能走的正確一步是處理這個三角關係過程和促使家族成員之間的對話，幫助他們更有效地合作。

家系圖是確定和告知三角關係知識的一種方法。（麥克高德瑞克，葛森，施倫伯格，1999）。家系圖對理解三角關係很有幫助，因為這種關係一代代上演，可以幫助家族理解這個過程如何影響到家族和企業的功能運轉。

溝通

家庭系統理論中的有關溝通的觀點包括信息如何傳遞和處理，以及個人是否能準確表達自己的意思。健康的系統可以傳遞一致的信息，口頭的

和非口頭的都是一個意思；能夠提供一個讓個體感覺能夠自由開放表達自己計劃、感受和問題的環境；允許討論中出現衝突，這種衝突可控也能解決。溝通包括了所有我們傳遞信息的方式：文字、手勢和身體語言。

當出現以下情況的時候，我們就要注意可能需要檢查溝通的情況了：

（1）兩難選擇的信息。這也就是指人們給出的口頭和非口頭的信息有衝突或者相反。聽者不知道該相信哪一個信息。有一則笑話就是個經典的詮釋：查爾斯系上綠色領帶，他父親說，「噢，真帥，你今天系著新領帶。什麼情況？你不喜歡藍色那條？」諷刺可能也包含進退兩難的信息，比如，「你不參加家庭會議？好吧，我猜你需要一些時間休息。」

（2）對抗的信號。

（3）指責。

（4）「大災難的四個馬車夫」（高特曼，1994a）是對關係破裂的預言：抱怨和批評、蔑視、防禦、冷戰（拒絕討論）。

針對家庭動力的體驗式干預

要處理這些類型的問題，顧問可能需要用「行動治療」來干預。這種方法被運用到很多練習上，包括角色扮演、心理劇、家庭雕塑、情景建設，或者「假若……會怎樣？」的儀式。這些練習包括行動，但不一定要說話。我們把這些技術用在僵局、個人說得太多或說得不夠、一些只需要輕鬆娛樂的時候。這些活動還被用來打破舊的模式，教會新的行為，外化觀點、故事、夢想和恐懼，以及挑戰個人對自己和他人心智模式和觀點。有一些是直接干預，比如角色扮演與角色反轉（每個人選擇與他自己相反的角色）。這些方法在衝突情況下十分有效，而且能夠增加對其他人所處位置的理解。其他諸如家庭雕塑的方法是象徵性的（代表其他的東西）或者比喻性的（聯繫到對其他事物的畫面）。比如，在一次角色扮演中，

朱迪、吉拉德和路易斯每個人都扮演其他人的角色，討論在協商中可能會發生的事情。這次簡短練習的報告揭示出他們每個人都對他人有不準確的假設。這些活動繞過了我們的防禦，動搖了我們的老調和對他人的陳見，所有這些都需要改變。正如一位早期的家庭雕塑開發者邦尼·杜爾（1983，1993）所說，「行動中的身體不會說謊。」

在接下來的篇幅中，我們將要討論幾種體驗式活動：家庭雕塑、邊界雕塑和情景假定。

雕塑

「雕塑」（Sculpting）是由家庭治療師戴維·坎特、弗雷德和邦尼·杜爾開發的。簡在波士頓家庭學會早期的訓練和授課中就使用雕塑來評估和治療。她還把這種方法用在團隊建設、大型變革活動和企業中的家族上。基本上，雕塑作為一種在空間中的比喻，通過空間安排來探索家庭和工作關係。個體被要求在一個雕塑上描繪家庭和工作場景，給每個人一個手勢或者站姿來展示他們正經歷的問題、情況或者變革重點。顧問通過提出針對系統的、互動模式的問題來協助參與者完成活動。設計有舞動動作的雕塑能夠避免語言的模糊，能夠比較個體對問題的感知，抓住行為模式，說明多重認知。比如，莫特、哈利特、馬克和史蒂夫被要求描述在此時此刻他們在家族中經歷的衝突是什麼樣的。當這種衝突被表演出來，經過幾分鐘的沉默，顧問提出以下問題：「莫特，當你介入進來干預馬克和史蒂夫時會發生什麼？」「馬克，當你靠近史蒂夫時，他會做什麼？」參與者不用解釋，只需要在練習中描述他們的物理反應即可。莫特可以觀察到當他靠近時，兒子們離開了。當他離開時，兒子們又來接近他。哈利特描述了她的無助。每個人都可以更清楚地瞭解到他們互動的模式。

邊界雕塑

　　這種雕塑是為正在邊界問題上掙扎的家族企業成員設計的活動，它能夠探索個人、個人內在和系統之間的邊界。邦尼·杜爾（1993）指出她開始用邊界雕塑作為處理夫妻問題的關鍵的診斷過程。簡將這種方法用於家族企業，發現有些時候結果令人吃驚。她從每個個體開始，讓每個人想像並描述自己所處的位置和周圍的邊界。然後我們將此擴大到讓家族來定義家族邊界，而且把它和企業邊界對比測試。在這個聯繫中，家族被要求在屋子裡為家族和企業分別劃出一塊空間。他們自己站在所屬的空間裡，並說自己在什麼時候、如何從一個空間到另一個空間。這些問題包括：「什麼時候你從一個空間轉移到另一個空間？」「你如何做這個決定？」「你如何讓兩個空間保持獨立，或者你從沒讓它們保持過獨立？」「你大部分時間花在哪個空間裡？」「什麼把你從一個空間拉向另一個空間？」在討論中，家族可以獲得有關家庭與企業邊界的重要領悟。

情景建設

　　這項技術對計劃目的很有幫助，通常圍繞問題來構建情景，如「倘若……會怎樣……」比如，你可能讓一個家族企業回答這個問題：「如果父親下午去世了，你會做什麼？」「如果你的銷售業績突然下滑，你會做什麼？」「如果下一代沒有人想持有或在企業工作，怎麼辦？」「如果作為副總裁的女兒離婚了，你怎麼辦？」這些問題能激發家族去為無法預見的事情未雨綢繆。為了更有效地達成這個效果，情景假定必須真實、具體，能夠鼓勵參與人去為這些事件找到解決方案。

干預的指導原則

總之，我們有一些給開始干預家族企業的顧問的建議和指導原則：

（1）澄清目標，和客戶就此目標達成一致。

（2）同時關注對技術問題和情感問題的學習。

（3）尋找變革的成功時刻，給予獎勵。

（4）在你小心翼翼地實施過程中關注結果。

（5）建立自身的勝任力。

（6）保持靈活。

（7）考慮更大的背景，然后把目標分為小的、可實現的、熟悉的步驟。

（8）經常問自己：「我是否很好地傾聽？」「我是不是做了太多假設？」「我們是不是和客戶一樣小心地挑戰我的假設？」用后現代的語言說，就是要讓客戶的故事成為敘事的主體，而我們的故事退居幕后。

（9）經常問自己：「我問對了問題嗎？」如果你問錯了問題，或者用錯誤的方式問正確的問題，可能會讓問題繼續存在。比如，如果繼任受阻，你會問是什麼導致了創始人不能放手？或者，你會問他在工作之外追求些什麼？

（10）決不要比客戶更努力，不要做客戶該做的工作，以避免讓客戶產生顧問會來做這些事情的假設。

（11）享受工作；做那些能讓你享受工作的事情（如果你讓家族會議很無聊，你可能也不是唯一一個感到無聊的人）。

（12）知道什麼時候需要幫助。

（13）在管理負面的變化時要敏感地看到積極的變化。

（14）儘管變化不總是從高層開始，領導團隊也必須是項目的捍衛者。在家族企業中太常見的情況是「命令和控制」的領導方法。我們需要幫助他們提升共同決策的能力，和提升家族的高效運轉的效率。我們對企業所有人、經理人的想法越簡單、越清楚、越容易理解，那麼對下一代和其他員工的考慮就會更高效，效果也更好。

（15）在清楚的標準下合作能夠提高速度、靈活性、創造力和適應力。比如，為了讓第三代所有人的堂表兄弟姐妹合作良好，企業必須有清楚的期望、工作描述、職位名稱、績效標準和個人公平的報酬。這必須要有團隊規則做支撐：比如會議多久召開一次，主要的職責是什麼，以及團隊及其成員向誰匯報。

（16）避免「無休止」的諮詢。顧問應知道什麼時候宣布勝利然后撤出，包括你和客戶達到協議的目標這種真正的勝利，也包括到目前為止你們能實現的接近勝利的狀態。

在本章中，我們已經討論了一些和家族企業干預相關的重要問題和策略。在下一章，我們將討論如何干預和幫助家族企業處理正常的發展變化、危機和他們認為最嚴重的問題——繼承問題。

輔助資料

衝突管理

Kaye, K. (1994) Workplace wars and how to end them. New York: American Management Association.

建立董事會

Ward, J. L. (1997) Creating effective boards for private enterprises. Marietta, GA: Buisiness Owner Resources.

關係

Hoover, E., Hoover, C. (1999) Getting along in family business. New York: Routledge.

決定出售企業

Cohn, M. (2001) Keep or sell your business. Chicago, IL: Dearborn Financial Publishing.

戰略規劃

Carlock, R., Ward, J. (2001) Strategic planning for the family business. New York: Palgrave.

其他資源

家族企業學會（FFI）網站上能夠搜索有關家族企業主題的文章、案例和書籍。（www.ffi.org）

《家族企業雜誌》的訂閱者也能夠搜索具體的主題。（www.familybusinessmagazine.com）

第六章　幫助家族企業實現發展過渡

　　生命循環事件中的干預跨越了組織、家庭和個人發展。儘管家庭和家庭中的個人都在成長，但也有僅僅屬於家族企業自身的發展進程。想清楚地說明個人、家庭、企業相互交織的發展，增加了我們診斷家族企業問題時使用這些模型的難度。但是，關鍵的一點是要理解這些發展如何隨著時間演進（紐鮑爾和蘭克在《家族企業：治理與可持續發展》（1998）中對這種發展途徑做了總結）。我們作為家族企業顧問就是要幫助客戶走過這些相對可以預見的發展轉型過程。

　　希臘人認為未來出自過去，過去又在眼前逐漸消逝（皮爾西格，1984）。當過去消逝時，我們幫助客戶從中學習；當未來臨近時，我們幫助客戶為此做好準備。我們在本章中增加的討論包括相互作用、風險、每個發展階段的任務和當計劃受到任何干預時，轉型動力的重要性。

　　家族企業顧問和學者設想了各種發展模型。比如，萊昂·丹科（1982），一位早期的家族顧問，斷定發展有四個階段，分別稱為：①奇妙期（Wonder，充滿了興奮和能量）；②跟蹌期（Blunder，公司發展和承擔風險，不可避免要犯錯）；③轟鳴期（Thunder，強勁發展）；④分離與吞並期（Sunder and Plunder，要麼成長要麼多元化，或者被收購，或者退出市場）。其他一些人用管理繼承關係所需的管理角色維度來討論組織生命循環（麥吉文，1989）。葛斯克、戴維斯、漢普頓和蘭斯伯格（1997），在《世代相傳》中，提出一個發展模型，包括家族、企業、所有權三個

互相重疊的系統。卡洛克和沃德（2001），在迄今為止最複雜的模型中，堅持認為所有權不是一個生命循環，「而是疏導生命循環力量和家族決定影響的所有人格局」。他們提出一個模型，把家族企業結構轉化成由生命循環力量和家族決定產生的六個所有權格局：企業家精神（第一代）；所有人管理（第一代）；家族合夥；兄弟姐妹合夥（第二代）；堂表兄弟姐妹合作（第三代）；家族聯合體（更后面一代）。我們將借助這些理論和其他前人的成果來說明發生在個人、家庭、組織生命中的發展階段。

　　有些時候，我們把它稱為「善意框架」，因為它認為系統是「受阻」或者「失靈」而不是病態的，發展方法加入了時間維度，把個人行為和組織置放在一定背景中，並且把伴隨出現的問題放在隨時間發展的自然進步之中來考慮。這是一個靈活、整體的框架，可以作為評估、預測、治療的工具，幫助顧問決定家族企業當前可能面臨的問題，預測可能在未來碰到的問題。確實，家族企業的複雜性可以在他們同時變與不變的悖論中展現出來。（作為顧問，我們可以將家族和企業比喻成錄像機而不是寶麗來相機。也就是說，我們想要捕捉完整持續的畫面，而不是某一刻靜止的畫面）

　　家庭、企業、個人、所有者和市場環境之間的相互影響有時候會增強各方的發展，但有時候會相互破壞。第五章講到有計劃的變化。在本章中，我們要探討變化，一些是預料中的，一些是無法預料的，發生在轉型階段各個時間、任務和風險中。意識到這些挑戰，包括管理各種觀點、對抗的利益以及通常遇到的「不同步」的階段，對顧問幫助家族企業非常重要。

發展階段與任務

我們大多數人從將要出生那一刻開始就渴望著被改變，而且在相似的震驚中經歷著變化。

—— 鮑德溫

這句出自詹姆斯·鮑德溫的話啟示人們，挫折、興奮和無限可能都和我們人生的變化緊緊相連。我們接下來要展示的模型會說明我們在客戶系統中發現的「典型」發展模式。很重要的一點是，我們要注意到這些家庭和個人的模式會隨著婚姻與孩子撫養的傳統模式發展，這對許多家庭和個人來說都適用。但是，我們要指出這些模式在近年來有很多變化。在此前提下，我們將探索個人、家庭和企業的發展。

個人發展的各個階段

表 6.1 中的個人發展階段模型來自於埃里克森（1976）的發展研究。在 20 世紀 70 年代，因為蓋爾·希伊（1977）的《人生變遷》（Passage）、萊文森（1978）的《男人的生命季節》（The Season of a Man's Life）、吉利根（1982）的《不同的聲音》（In a Different Voice）和米勒（1976）的《邁向新女性心理學》（Toward a New Psychology of Women）等著作變得流行起來。每個人都生活在家庭排序（Family Constellation）不斷變化的背景中。在年輕夫婦家裡出生的第一個孩子在性格上就和在已經有三四個孩子的家庭中出生的孩子的性格有所不同。托曼（1976）在《家庭排序》（Family Constellation）中描述了出生順序和性別對個性和行為的影響。當我們研究人類發展和行為的時候，需要考慮到這種影響。

表 6.1　　　　　　　　　　　　　個人生命週期

階段	關鍵任務	風險	參與家族企業
童年 （0~11歲）	逐漸變得獨立，發展身體機能，學習問題解決機能，建立關係，發展責任感，平衡自我認同與親密關係，擴展社交世界	身體、社會和情感技能未得到發展，責任感沒有出現，過度依賴，技能貧乏，建立關係的能力不足，社交世界未能擴展，沒有為進入青春期做好準備	合適的時候可以參加家庭靜修會
青春期 （12~19歲）	社交世界繼續擴展，各種技能持續發展，獨立性增強，自我和家庭的情感掙扎，性成熟帶來身體上的變化，平衡個性與親密關係	個性發展被阻礙，技能沒有發展，責任感發展不充分，社交孤立，過度依賴或者與父母疏遠，表現出不能適應的症狀（憂鬱、發洩、飲食紊亂），自我意識發展出現問題	可能兼職做一些適合其年齡的工作，獲得公平的報酬
青年期 （20~40歲）	擴展的世界，作為成年人在工作和生活上生命得到發展，生命的全盛時期，充滿了機會和責任	不能平衡自我獨立和與父母的關係，離開家庭和保持聯繫的能力尚在發展，技能沒有發展，自我意識不清，不滿意或不能發展愛情和工作關係，不能應對成年人的責任和關係	在這個年紀的早期被鼓勵在家族企業之外工作以獲取其他經驗，之後如果對家族業務感興趣就會經過面試，根據崗位的清晰、客觀的標準受聘，獲得公平的薪酬和績效評價。職務名稱與工作匹配，由非家族經理人輔導
中年期 （41~55歲）	家庭和工作的責任增加，平衡各種關係和自我，常常要應付同時作為父母和孩子的責任，生育，重新聚焦在中年職業和婚姻問題上，對待孩子的方式從權威指令轉變為給予建議	不能在愛情和工作中找到滿足感，生命的停滯感，不能同時處理好多種角色，孤立	繼續獲得與角色、職責相當的責任和回報，發展到更高的位置，回報隨著責任的增加而增加

表6.1(續)

階段	關鍵任務	風險	參與家族企業
老年期 (56~65歲)	孩子離開家生活,自己在工作上承擔更多職責,準備退休,體能下降,關係豐富,呈現個人和社會價值	不能為放手孩子的生活或放手中年的成就做好準備,不能從事有意義的工作、做出貢獻和找到價值,始終忙碌以免面對變老的過程	最資深和多產的時期,在業務上是領導,和家族成員、顧問一起計劃退休和製訂繼任計劃
晚年期 (66歲+)	離開工作,個人關係繼續發展和深化,體能衰退,身邊陸續開始有人去世,處理「自我完善」的問題,自我感與價值感,對社會或家庭做出貢獻,反思;活躍;結束或適應養老院的生活	抑鬱、後悔,不能面對衰老和失去,保持忙碌以免面對衰老的過程,感覺生活停滯	放手業務,追求其他的興趣愛好

家庭發展的各個階段

表6.2包括了卡特和麥克高德瑞克（1989）在《變化的家庭生命週期》（The Changing Family Life Cycle）一書中提出的模型和貝卡瓦（1996）在《家庭治療：一種系統整合》（Family Therapy: A Systemic Integration）中提到的模型。這些階段描述了家庭在不同時期面對發展中的關鍵任務，也概況了與此相聯繫的各種風險和潛在問題。

表 6.2　　　　　　　　　　　家庭發展階段

階段	關鍵任務	風險	參與家族企業
離開家庭，單身的青年時期	與原生家庭的自我差別；同伴關係的形成；與工作相關的自我的建立與財務獨立；開始接受自己財務和情感上的責任	不能形成成熟的關係、找到有意義的工作並承擔責任；變得有相互依賴性；沒有建立起自己的角色、責任、開放和真誠的溝通	在家族企業之外工作的好時段，建立獨立的自我並為回到家庭做好準備
新婚夫婦，家庭的結合	形成婚姻、夫妻關係；重新調整和擴展家庭、朋友之間的關係；對新的系統、家庭有承諾；調整職業需求	新婚夫婦沒有建立起健康的關係；通向新關係的邊界被關閉；不能適應新的擴展家庭；不能平衡職業和家庭的角色與責任	適合加入家族企業的年齡階段；新的財務責任；在平衡工作和家族需求上有一些壓力
有幼兒的家庭	開始適應小孩；參與小孩的撫養、財務、家務等；重新調整與擴展家庭，包括父母、祖父母之間的關係；在系統中接受新的成員；允許小孩在家庭之外建立關係；教育的責任；不斷增加的責任	不能處理好職業和家庭的多個角色；難以面對擴展家庭上有困難；難以適應小孩；封閉的關係；不鼓勵小孩開始承擔責任和變得獨立；夫妻沒有靈活性；不能應對成長中的家庭和工作的變化	在家庭和工作方面不斷增加的責任和財務需求；適合在家族企業發展的年齡階段
有處在青春期孩子的家庭	從父母—子女關係轉變為允許處在青春期的孩子進入或者走出系統；重新關注中年問題和職業問題；開始轉向共同照顧上一輩人；家庭邊界的靈活性增加，已將孩子的獨立性和祖父母的衰老包括進來	難以鼓勵處在青春期階段的孩子進入或者走出系統；不能適應孩子對自己的依賴減少；對職業和工作不滿意	持續的家庭和財務責任；孩子可能開始在企業兼職；承擔更多長輩的角色

表6.2(續)

階段	關鍵任務	風險	參與家族企業
孩子離家後的家庭	重新協商處於二元關係中的夫妻關係；發展起成人對成人的關係；對包括孩子的姻親關係和孫子女關係的重新調整；應對能力喪失和祖父母的死亡；開始接受進出家庭系統的多種出入口；維持支持性的家庭基礎；放手和重建婚姻	當孩子離家後，不能重新協商夫妻系統；在放手孩子離開家庭上存在困難；應對不斷衰老的父母的財務和情感資源有限；難以應對進出家庭系統的出入口	隨著孩子的離開，在工作上投入更多的精力；職責和回報增加；制訂繼任計劃
晚年的家庭	面對衰老，保持健康和獨立；支持處在更中心角色的中年一代；接受代際角色的轉換，為老年的智慧騰出空間；支持更老的一代人但又不過度對待他們；應對死亡帶來的失去和為死亡做好準備；回顧和整理人生	身體和情感功能衰退；夫妻關係壓抑；缺少財務和情感資源來應對第三代；難以放手和讓下一代人接受；不能面對失去；不能為疾病和死亡做好準備；拒絕接受生命過程終要結束的不可抗性	對工作放手；退位；輔導孩子接管企業；發展其他興趣

來源：桃樂茜・斯特羅・貝卡瓦和拉菲・J. 貝卡瓦的《家庭治療：一種系統整合》（Family Therapy: A Systemic Integration）（1996年第三版），以及B. 卡特和M. 麥克高德瑞克的《變化的家庭生命週期：家庭治療框架》（The Changing Family Life Cycle: A Framework for Family Therapy）（1989年第二版）。經Allyn和Bacon出版社許可重印和改編。

組織生命週期的各個階段

表6.3整合了葛瑞娜（1972）所說的「組織成長中的演進和革命」的五個階段（縱軸是組織規模，橫軸是組織年齡），弗拉霍爾茨（2000）在《成長之痛》（Growing Pain）中提到的組織成長期階段，以及艾迪斯（1979）在《組織歷程：診斷與治療組織生命週期問題》（Organizational

Passages：Diagnosing and Treating Lifecycle Problems of Organizations）中的十個階段，其中縱軸是「行為聚焦」（生產、管理、開創、整合），橫軸是組織年齡（精神年齡、市場份額、組織結構的功能）。從之前的工作中，我們界定了對大多數組織來說共同的發展五階段。

表 6.3　　　　　　　　　　　　組織生命週期

階段	關鍵任務	風險	家族企業的挑戰
新事業、新公司	開發產品和服務；界定和定義市場；生存	計劃差；開拓利基市場和開發產品失敗；缺少人力和財務資源；領導力差；缺少遠見	財務緊張；家庭出力提供幫助，家庭成員扮演多種角色，孩子通常也給予幫助；家庭和業務需求合在一起產生壓力，對機會感到興奮；偶爾對家庭生活占用了時間和精力感到憤怒；邊境通常模糊
擴展、成長	建立營運體系和基礎設施；獲取資源；成長	缺少成長所需的資源和與組織內部成員的溝通；產品質量下滑；時間和空間的限制；技術資源有限；個人需求引發業務逆轉；人力緊缺；戰略規劃差；應付日常的危機而不是解決長期問題	隨著業務擴張，財務狀況好轉；建立了基礎設施，開發了營運體系，更多的員工，家族參與減少，放鬆但是會有失落感；可能與家庭在一起的時間減少
職業化；早期的官僚化	開發管理體系；「職業化」過度，形成不同類型的組織；變革；平衡創業的、家庭式的精神和成長需要的正式體系；授權與協作	不能或不願從創業企業轉變為職業化管理的企業；缺少計劃、業績評估、溝通體系所需的正式性	家庭從企業中看到更多的財務好處；業務占用更多的時間和精力；需要建立企業與家庭之間更有效的邊界；成立外部董事會

表6.3(續)

階段	關鍵任務	風險	家族企業的挑戰
整合；成熟	發展公司文化；重新強化職業管理；關注價值觀、信念、歷史；失去創業和家庭般的規則；通過合作實現成長	通過公司成長和擴張完成文化轉變失敗；還持續著非正式的社會化；不能保持創新和靈活；官僚化壓倒組織；缺少多元化	已開始制訂繼任計劃；家族價值觀在企業中內化；一些家族成員還在企業中工作；一些家族成員只是分享企業的所有權
衰落或重生	主動而非被動地決定實現多元化；創造新產品；界定新市場；整合新的業務單元；重振公司；新業務單元開始作為創業公司	不能或不願重振企業；不能贏得競爭；過早地承認市場飽和；財務和人力資源受限；計劃差；沒什麼遠見	要麼生要麼死的階段；缺少繼任計劃；衝突；領導力差，或者缺少財務和人力資源上的擴張，沒有多元化

　　我們為家族企業提供諮詢的方法是在評估階段為以下對象去界定組織的發展階段：①關鍵的個體——特別是家族領導/創始人和潛在的繼承人；②家族本身；③組織。確定個體、家族和組織所處的發展階段能夠提醒我們注意可能在諮詢過程中需要處理的潛在問題。例如，在評估階段，我們發現家族企業的創始人正在變老，但是還不能放手。家族也不鼓勵孩子承擔責任和走向獨立，組織處在衰退狀態。這種模式對我們如何幫助客戶有重要意義。在這個例子中，可能的解決辦法是出售企業，因為短期看來，家族下一代還沒有做好接受的準備，而創始人又不大可能放開權力。另一個辦法可能是幫助創始人和其子女一起解決這些問題，保留家族在企業中的所有權和管理權。但是，這個建議可能很難實現並且需要更深的干預才行。假定這家企業正在衰退，顧問可能會感覺到沒有時間嘗試這種方法。

　　我們也嘗試發現不同的發展階段在生命週期相交的時候是否同步（戴維斯和塔居里，1989）。比如：

　　（1）個人的生命發展階段可能與所需的變化同步或者不同步。企業制

訂正式繼任計劃的最好時間可能是在創始人五十來歲而繼承人在三十來歲的時候。對「五十歲」的合適發展任務是放手並為「三十歲」的人做好準備，因為這些三十來歲的繼任者正處在他們生命中最富有成效的時候。

（2）避免出現伊麗莎白女王/查爾斯王子綜合徵，也就是長輩一直抓住位置不放，直到潛在的繼承人已經年屆退休。有趣的是，在戴維斯和塔居里（1989）對89組父子的研究中發現，父子之間和諧、尊重的關係出現在父親五十來歲、兒子二十五歲后到三十出頭這段時間。這份研究再次肯定了我們有必要仔細地關注人們在整個生命週期中不斷變化的目標、任務和掙扎。這也提醒我們，制訂繼任計劃和需要代際間配合的其他計劃的時機有好有壞。

轉變的動力

我們可以把生命週期之間的過渡階段看作是生命空間的中斷，結果是造成壓力和緊張。葛瑞娜（1972）把成長階段中的危機時期描述成「革命階段」。管理層如何處理各個危機階段直接影響到它進入下一階段的能力。這個道理也適用於家庭和個人。布里吉斯（1980）則將此稱為辭舊和迎新之間的混論時期。弗拉姆豪茨（2000）認為成長之痛來源於組織規模與必要的基本面之間的缺口，他把這種缺口稱為「組織發展缺口」。組織在這個階段，壓力大，容易暴露問題。

組織成長之痛的症狀包括[1]：

（1）人們感到每天的時間不夠用；

---

[1] 引自 E. G. 弗拉姆豪茨的《成長之痛：從創業轉變為職業化管理企業》（Growing Pains: Transitioning from an Entrepreneurship to a Professionally Managed Firm）。John Wiley 和 Sons 2000 年版。經 John Wiley 和 Sons 公司許可后重印。

（2）人們花太多的時間「救火」；

（3）人們注意不到其他人在做什麼；

（4）人們對企業前進的方向缺乏理解；

（5）優秀的經理人太少；

（6）人們感到如果想要把事情做對的話，只能自己親自做；

（7）大多數人認為會議是在浪費時間；

（8）計劃制訂後很少有跟進，所以事情就這樣完不成；

（9）一些人對他們在企業所處的位置有不安全感；

（10）企業在銷售上持續成長但是在利潤上沒成長。

每個變化都包括抑制力量（比如，不能超前思考、不能跟上新的增長，或者CEO不能走出「美好的往日時光」）和驅動力量（比如，共同的核心價值觀、準備就緒的基本面，還有代與代之間的相互尊重）。這兩種相對立的力量在過渡階段會較量。這在繼任過程中通常表現明顯，老一代人牢牢抓住過去不放，新一代人鉚足了勁兒想變革。

對於顧問來說，其意義是在這個臨近危機的時刻裡充滿了混亂與不確定。危機理論告訴我們，在此期間，一個最小的力量也可能會造成最大的影響。這是一個有危險機會的時段：普通的防禦手段被削弱，基本面被拉升到了極限。但是，正因為客戶尋求變化的能力和動機在增強，我們應該假設變化正朝著正確的方向發生。這段時間我們正需要敏銳的評估技能來衡量客戶變革的能力、可使用的資源、抑制力量和對抗。記住，客戶對事件的定義和反應要比事件本身複雜得多。埃拉·惠勒·威爾考克斯（1936）的詩《命運的風》完美地捕捉到了這一點：

《命運的風》

一艘船駛向東方，另一艘駛向西方，
吹動它們的風來自同一方向。
是那整套風帆
而不是風
指引我們遠航。

我們在生命之海裡駛航，
命運之路如同海上的風一樣。
是靈魂的類別
決定生命的目標，
而不是寧靜或者爭嚷。

　　你需要找出客戶是如何定義問題的，以及從客戶的角度如何界定問題的維度。不要假設你知道危機對客戶系統的影響，因為你以為可以產生巨大衝擊的問題可能只引起輕微的不安，也可能你認為不會造成太大影響的問題卻后果嚴重。根據其他人的觀點，凱瑟琳・格雷的精神疾病暗示著會持續一生的變化；但從她的角度看，這可能都不是一個問題。價值觀和精神模式會影響我們的失落感，對一個人重要的事情不一定對另一個人也重要。問問你的客戶：「這件事對你有什麼影響？」「現在要解決的最難的事情是什麼？」「你過去是怎樣處理失去和危機的？」「哪些方法有幫助？哪些反而會帶來傷害？」

評估客戶突破各發展階段的能力

我們要幫助客戶朝著正確的方向前行，輔導他們度過各個發展階段，重要的一件事是評估與正面的和負面的結果相關的因素，包括：

（1）客戶目前的適應能力（客戶是否具備有效解決問題、溝通和談判的能力）；

（2）客戶的資源（客戶是否有社會、情感、財務資源，以及其他支持體系可以幫助管理過渡）；

（3）管理其他過渡的成功先例；

（4）告別過去的能力；

（5）執行必要的計劃工作和跟進必要的步驟進入下一階段的能力；

（6）客戶的自我意識（客戶是否能夠識別矛盾、焦慮、否認等，以及是否有能力在顧問的幫助下管理這些情緒）。

給顧問的指導原則

當我們和客戶開始努力突破這些發展過渡階段時，發現以下這些指導原則有所幫助：

（1）從客戶的角度回應對緊急事件或者危機的認識（儘管我們作為顧問可能沒有把目前的情況看作是危機，但是從客戶的角度看，這個情況卻很重要）；

（2）告訴客戶在這個階段有負罪感、憤怒、極度的樂觀或悲觀都很正常，讓他們安心；

（3）在評估后給出一個對當前情況的現實理解；

（4）提供一個套路感受和差異的機會；

（5）知道何時推進，何時放緩；

（6）呈現這是一次新的學習和思考的機會，而不是僅僅從煩惱中簡單地解脫，或者從當前不舒服的狀態中逃離；

（7）理解客戶以前如何處理類似問題的（問他們對當前形勢的認識，已經採取過什麼措施，幫助他們管理所面對的過渡危機。然后讓他們描述將如何處理、如何向前走。問他們學到了什麼，未來要做什麼？）

對實踐的啟示

我們現在把注意力轉向上述有關生命週期的理論如何影響客戶生活和我們之間合作的方式的問題上來。我們已經整合了來自家庭系統、危機干預、發展心理學、組織發展和整個系統變革的諸多概念，以便理解危機帶來的挑戰、未解決的問題和未完成的任務。我們需要跳出簡單的因果來思考，嘗試理解過去不是簡單地決定未來。在持續運動中的許多變量會在任何時間發生變化。但是，發展框架可以讓我們能夠窺探到過去的某個黑暗角落，並指明未來需要做什麼。例如，第三章裡提到的莫特·托馬斯一直為逝去的妻子謝莉感到悲痛，他也不能放手企業讓下一代去接管。他不能完成對準備放手來說很有必要的「能預見的悲哀」。家庭系統治療師廣泛接受的一種觀點是，未解決的失去和悲哀與繼任的幾代人之間的衝突相關（保羅，1974）。內部和外部的力量在各個階段的結合會在「外成性過程中」（Epigenetic Process）決定下一個階段的成敗，因為在外成性過程中，每個階段都建立在之前階段的成就上。當前的狀態是過去的變化和過渡的總和。比如，簡的一個客戶想分割財產，讓他的兒子能夠得到一家保險公司和用來做寫字樓出租的地產。其他三項財產主要是他兒子不想要、他也

不想再管的房地產。所有的外部顧問都認同這是出售這些地產的好時機。他推遲和迴避了這個按照理性看本來是最好的決定。最終，他承認害怕出售是因為他祖父母一直重申：「絕對不要賣掉土地和房產，這是唯一真正存在的財富。」他不能忘記這些話，而且相信如果自己在七十九歲時賣掉這些房地產是「違背」了祖父母的話。在和簡討論了這個問題後，他意識到時代不同了，自己需要根據當前的現實來做決定。在此之後，他便賣出了這些地產。

未盡的任務

第一章中提到的懷特一家，因為出售企業，孩子們過早地變得富有，本來接著要問的問題是：「在他們生命的早期階段需要教導些什麼？」「我們對金錢和責任有什麼理解？」企業所在行業的波動這種外部力量會導致出售企業都是之后才被問及的，因為孩子們還不成熟。這和父母沒有在孩子生命的早期教會他們責任和培養他們的成熟有關，這就是未完成的任務。為了推動變化，顧問必須重走這一步，和家庭一起決定當前要做的工作，以此來為將來做好準備和彌補過去的缺失。如果孩子們開始能夠聰明地打理他們的財富，他們就必須承擔起責任，變得有擔當。

另一個普遍的例子發生在家族企業的第二個階段，這個階段需要的是基礎建設、擔當、業績評估和清晰的溝通。如果家庭把情緒帶到企業裡去，溝通不暢，沒有擔當，那它要進入和渡過業務的擴張階段會非常困難。

非正式的繼任程序早在正式程序啟動前幾年就開始了。長期的非正式程序包括不管子女是否願意接管企業，父母都要把他們撫養成為有責任感和獨立性的成年人的所有任務。如果非正式的繼任程序不成功，那麼在相對較短的時間內就要發生的正式程序（當相關文件簽署那一刻）也不太

可能成功。

未決的爭議

> 我們生命的前半生被父母毀了，后半生被孩子毀了。
>
> ——查爾斯·達洛

另一個未完成的事項就是「包袱」，這個未解決的問題一代傳一代。第三代兄弟姐妹之間重新把父母的舊怨重提的事情不是不常見。例如，三個兄妹擁有和管理著已經傳承到第四代的酒店，還在為酒店到底要做多大，以及到底要不要在旁邊建一個小型高檔熟食店爭論不休。他們的父親，也就是兄弟倆，在把酒店交給他們的兒子們時就為此爭吵，到這代人還在吵。在生意蕭條的時期，父親們和子女們開了一次戰略規劃會，引導他們做出決定。他們決定是時候開始多元化了，也決定開一家緊鄰的熟食店。皮特曼（1987）把這種不能做出必要變化的情形稱為「阻礙點」或者「核心不靈活」。顧問必須要問：「是什麼阻礙了家庭做出這些變化的能力？」對企業也要問同樣的問題。顧問通常都應該考慮對三代人的想法（至少是三代）做評估。個人、家庭或者組織子系統的家系圖是回顧過去和定義關鍵事件和問題的有用工具。

停滯的發展

家族成員的技能、才干和工作道德能夠匹配企業的創業階段，卻不適合需要更專業的技術和管理能力的下一個階段。漸進式的發展要求在人員、功能、結構上都有發展變化。在這一點上，新的行為和管理變化要好過一成不變，而且將成為主導的形式。在這個案例中，顧問應該問的問題是：「保留家族成員是否現實？」「如果不是，變革需要什麼？」「怎樣才是

對待忠誠的家族成員的最好方式?」以及「家族是否能活過第二序位的變化?」

偶然的轉變/不連續的變化

離婚、能力喪失和死亡會在家庭發展週期裡引發暫時的或長久的彎路。例如，在丈夫過早地去世后，凱瑟琳・格拉漢姆帶著悲傷，自尊感很低地接管了《華盛頓郵報》。她最近也去世了，但創造了令人尊敬的成功職業，這在她丈夫自殺前從來沒有計劃或準備過。她在《個人歷史》（Personal History，格拉漢姆，1998）一書中講述了自己的故事。

另一方面，當兩個兒子分別突然意外身亡的悲劇打擊了賓漢家族（路易威爾報業家族）兩次時，這個家族並沒有從悲傷中恢復。《家長》（帕特里亞克，提夫特，瓊斯，1991）詳細講述了這個家族的歷史是如何在各代繼承人的爭吵、悲痛和嫉妒中毀滅的。最后，父親老巴利出售了企業。兩個兒子的死亡並沒有造成家族的坍塌，但是讀者可以瞭解到許多關於家族對兩名成員離世的反應，預測到當事情變得困難和情緒化的時候，他們沒有技巧，也未曾練習過如何處理生產工藝、談判和解決危機。正如布朗（1993）提到的，「這個家族生命週期中失去家庭成員的時間問題和兩難處境會影響家族面對困難時的風險……早年的寡婦生活，早年的父母過世，以及一個孩子的死亡都是失去的例子，經歷了和正常家庭發展不一致的過程。」

顧問必須經常透過事件表面看到背后的模式和潛在的暗流。一些決定並不是基於現在的情況而是基於過去的情況做出的。顧問要想意識到這些，就要詢問那些能夠照亮過去的問題，因為過去會影響到現在，也會威脅到未來：「那麼，你為什麼覺得你現在做決定有困難?」「你拿到了哪些信息，讓你基於此採取這些行動?」

危機：機會和風險

簡單來說，危機就是即將發生變化的那一刻事情的狀態（皮特曼，1987）。有時候，危機讓我們吃驚，比如死亡或者經濟突然衰退；但其他時候，危機是由我們自己所做的事情造成的。例如，如果在系統從一個階段向另一個階段演進時，我們不為發展過渡做好準備，那這些平常的事情就可能變成危機。影響家族企業的過渡點包括繼任、退休和個人發展。有許多人寫過有關過渡點動力學的文章，作為顧問，我們應該讓自己熟悉呈現出來的風險和應對計劃。萊文森（1978）、葛瑞娜（1972）、皮特曼（1987）和布瑞吉斯（1980）都強調危機和過渡階段有關。事實上，萊文森使用過「中年」危機這個詞來描述潛在的混亂時間。在這段時間裡，男人「開始意識到他們人生的夏季已經結束，秋天很快就會到來。」在這段時期裡，第二階段的變革就很有必要了。

危機干預的概念主要是在對群體和社會面臨災難的研究中提出的，后來被用到家庭、組織和個人功能上。人們通常的反應都是不相信，緊隨著是否認、憤怒、質疑階段（為什麼是我們）。最后，他們接受並向前走。危機可以來源於內部，比如癮癖或者死亡；也可以來自於外部，比如工作場所的暴力或者社區災難。家庭、個人或者組織都會遇到需要創新的問題解決模式才能處理的問題，必須要找到新的解決辦法。這裡有兩種危機類型：①漸成型，發生在一個系統正常的發展過程之中；②偶然型，由不可預計和不可計劃的事件引起，通常都和失去有關，比如戰爭、經濟蕭條或者疾病。但這種危機有時候又和獲得有關，比如彩票中獎、三胞胎的誕生或者引起銷售大幅增長的無法預見的市場變化。還有第三種類型，即混合型危機。例如，一個需要特殊照顧的孩子出生。

如果在非正式繼任過程中沒有規劃繼任，那麼，隨著時間的推移，正

式的繼任過程就好像意外型或者混合型危機，而不是本應該出現的發展變化。如果發生這種情況，繼任過程能夠被成功管理的機會就比較小。顧問應該要能告訴客戶需要為哪些事件做好計劃、需要準備什麼，以及如何幫助家族企業應對這些意外的、從未計劃過的危機。

幫助客戶管理壓力

許多企業家都是在三十來歲的時候創業，這個年紀也是他們組建家庭的時候。他們經常長時間工作，給家庭留出的時間不多。這些時間和承諾帶給婚姻、企業和家庭成員壓力。夫妻常常認為「如果你不能搞定這些企業家，那你就加入他們的行列」，之后創業一方的配偶也加入了企業。許多第二代的成年人都說曾經很多時間都在企業裡做家庭作業或者等父母下班。這種發展過渡會扭曲客戶的生理、情感和財務資源，給生活帶來許多壓力。

在過去的五十年中，研究者探索了壓力和疾病之間的關係。我們知道壓力會造成焦慮（反之亦然），而且會導致生理、心理、情感和行為問題。壓力會侵蝕我們的靈魂，刺激許多引發早期衰老的因素（羅伊森，1999）。事實上，壓力會變得很大，以至於系統會代謝失調或者處於一種消耗狀態，到達一個習慣的無法約束的不斷變化的點。在任何真正的指導和學習發生之前，壓力和焦慮必須得到處理。有人認為家族企業處於長期焦慮和壓力的狀態。症狀可能是應對壓力的結果。例如，一名不情願接班的繼任者可能變得沮喪或者表現出其他的生理疾病，以此來迴避成為企業未來的領導人。對父母來說，這種反應可能比不願接管企業更容易接受。

有壓力的人和他們的影響存在高度的個體化差異。對一個家庭、企業或者個人來說的壓力可能對其他家庭、企業和個人而言就不算個事兒。一次家族靜修會可能會沉積成一次危機，但是銷售的下滑可能被從容應對。

很重要的一點是，顧問不要自己假設家庭和個人經歷的壓力水平；還有就是要意識到事情本身不是關鍵，關鍵的是人們對事情的反應；重要的是確認為什麼這次變化，不管是計劃內還是計劃外的，對這個家族企業來說很困難或者不可能實現。

家族企業體系中壓力增大的信號

（1）即使是小的焦慮也難以應付；

（2）容易發火或者對其他人和工作的不耐煩程度增加；

（3）睡眠、飲食和運動的方式被打亂；

（4）即使是很小的問題也很難處理；

（5）身體出現問題，比如高血壓、感冒的次數增多，或者患其他疾病；

（6）缺席和遲到的情況增加；

（7）不能完成工作；

（8）忽視其他社會、社區聯繫；

（9）很難接受和用好意見。

我們的身體一般會對壓力做出戰鬥或逃跑的反應，如我們的心率、肌肉緊張程度和呼吸頻率增加，胃部緊張並開始分泌更多胃酸，並處在持續隔離的狀態。抗壓強的個體和家庭能夠停止這種反應，而且通過不同的方式做出放鬆的反應，包括：

（1）看到更大的圖景；

（2）把發生的事情看作挑戰而不是壓垮的威脅；

（3）相信他們能夠控制發生的事和公司；

（4）用勇氣和幽默對待生活；

（5）相信精神的力量，把自己看成是更大整體中的一部分；

（6）對工作、他人和生活做出承諾；

（7）保持好的身體健康習慣，比如規律睡眠、健康飲食和鍛煉；

（8）發展和維護社會關係；

（9）用他們的方式生活；

（10）通過冥想、身體鍛煉和娛樂定期進行這種放鬆反應（與戰鬥/逃跑相反）。

顧問必須和客戶合作決定先處理什麼——壓力反應還是問題。另外，因為顧問是在幾個體系的邊界上工作，我們也需要管理好自己對客戶和工作的壓力反應。

繼任

儘管關於家族企業繼任的問題有很多著作，管理繼任仍然是對家族和顧問的挑戰。我們要認識到繼任通常會涉及所有權或者管理權或者兩者的過渡。以下內容介紹了我們在和嘗試管理繼任的家族企業工作時使用的一種方法。

在繼任階段之後，如果繼任是需要管理的關鍵問題，那麼我們通常會試著創造成功過渡的條件。戴爾（1996）此前概括過這些條件，而且描述了在家族、企業、所有權/治理系統中發現的「最理想」的條件：

家庭系統中的條件

（1）家庭在關於什麼是公平和平等上有共同看法；

（2）家庭對無法預計的緊急情況（死亡、關鍵經理人的生病）做了計劃，而且因此制定了買賣協議等；

（3）家庭能夠成功管理衝突；

（4）家庭有更高的目標和對未來的清晰願景，他們在企業是否一直由家族營運，或者移交給職業管理團隊營運，或者出售都有共識；

（5）家庭中的信任程度高。

企業系統中的條件

（1）過渡在企業相對健康的時候就開始進行；

（2）創始人/家族領導逐漸從積極參與企業營運的狀態中退出；

（3）為繼承人精心設計的培訓和社會關係計劃，繼承人能夠得到輔導；

（4）創始人/家族領導和繼承人之間有相互依賴的關係。

治理/所有權系統中的條件

（1）權力關係清晰；

（2）董事會有必要的專業能力與家族一起管理繼任問題。

諮詢的目標是在三個系統中創造上述成功的條件，提高繼任的成功率。這項工作通常涉及以下干預：

（1）評估當前的所有權結構，做出繼任后所有權的結構圖；

（2）評估當前家族遺囑的狀態或者其他緊急計劃，比如買賣協議；確保這些文件/計劃與繼任計劃保持一致（儘管有繼任帶來的挑戰，但在大多數案例中，客戶在這些方面幾乎沒有開展工作；顧問必須幫助家族對各種法律文件把好關）；

（3）制定選拔、培訓和輔導未來繼承人的過程；

（4）開展家族團隊建設來增強信任、解決衝突、建立共同目標和價值觀，而且增強家族內部成員的關係；

（5）為創始人/家族領導和潛在的繼承人提供教練和職業發展計劃，讓他們對過渡有所準備；

（6）組建一個有效的董事會（或者其他形式的委員會，比如財產管理委員會或者家族委員會），提供討論重要業務和家庭問題的平臺，幫助督導過渡過程；

（7）確定如果企業要發展，目前在管理和組織的弱點（這常常涉及組織基本結構、體系和過程的改變）。

瓊斯家族就是一個繼任諮詢的好案例。瓊斯家族在四兄弟被父母要求接管企業，而四兄弟對父母的動機存有疑惑時，委任吉布做顧問。儘管父母有意把企業的管理權移交給四兄弟，但他們想繼續持有所有的財產。因此，兒子們不知道父母到底是否信任他們四個人。這個情況是在諮詢評估階段被發現的。為了糾正這個情況，吉布採取了一些辦法：

（1）組織家庭團隊建設來解決衝突、打消疑慮和建立信任（在團隊建設過程中，當他們能夠在安全的氛圍裡開放地表達自己的感受時，家庭成員持有的許多誤解被化解）。

（2）幫助家庭確定一個繼承人（幸運的是，在這個案例中，有一個兒子是無爭議的領導。他剛剛獲得 MBA 學位，做好了接管企業的準備。他的父母和兄弟也都希望他來領導。兄弟們同意不管他們在企業中的職位等級，所有人都拿一樣的報酬，象徵性地表達所有兄弟都被平等對待的事實。這有助於減少經常出現的因為一個家庭成員得到了更重要的職位引起的嫉妒）。

（3）從非家族成員那裡收集信息，確定組織需要解決的問題［后來，這家公司通過重組減少了管控範圍（以前公司裡所有人都要向創始人匯報），而且建立了系統提高信息共享的水平和責任］。

家庭和顧問一起採取了以下步驟：

（1）重組了董事會，吸納了家族外的人員，在日常的功能上更像一個董事會（之前，董事會成員很少碰面，即使開會，往往也是家族成員之間非正式的信息交流）；

（2）重組了所有權，在企業裡只保留了積極參與業務的成員，而財產則與不在企業中的家庭成員共享（不在企業工作的家庭成員傾向於他們的繼承財產不要和四兄弟和企業的績效掛勾）。

我們通過這些干預，加強了家族關係和團結；組織也為變化做好了準備，理清了所有權的過渡，

而且創始人和繼承人發展出了成功的工作關係。結果，這家企業平穩過渡，並在新的關係下繼續成長。

對繼任計劃的對抗

漢德勒（1994）寫過關於對抗的論著。在她的模型中同時列出了在家族企業繼承中助長和減少對抗的因素（見表6.4）。漢德勒把這些幫助或者阻礙繼任過程的因素分為四個層面：個人、人與人的關係、組織和環境。這份目錄為評估和計劃提供了系統性的視角。

表6.4　　　　　　　　漢德勒的對抗繼承模型

助長對抗的因素	減少對抗的因素
個人層面 　身體健康 　缺少其他興趣愛好 　用企業來做自身定位 　長期保留控制權 　懼怕衰老、退休和死亡 　迴避自我學習 　迴避技術性意見和諮詢	**個人層面** 　健康問題 　有其他興趣愛好 　把責任分配給其他人 　有開始新生活和職業規劃的機會 　有自我反思能力 　尋求技術性意見和諮詢

表6.4(續)

助長對抗的因素	減少對抗的因素
人與人關係層面	**人與人關係層面**
溝通不開放	鼓勵真誠、充分溝通
極少的信任	高度信任
繼承人不感興趣或者表現得不感興趣、缺乏經驗或者不合適	繼承人表現積極、有能力參與業務
極少的培訓	鼓勵輔導和練習
權力失衡	分享權力
家族衝突或者問題滲透到企業	家族動力與業務利益分離
核心和擴展家庭成員是潛在的繼承人	只有一個孩子是潛在的繼承人
組織層面	**組織層面**
文化威脅組織發展	文化強化組織的持續性
組織成長穩定	未解決的組織危機
保持著有助於單向控制的結構	組織結構能存進功能分配
環境層面	**環境層面**
企業所處環境沒有問題	企業所處的環境有問題
行業進入要求多	行業進入要求少
需要特殊的專業技能	極少有特殊專業技能要求

來源於漢德勒（1994）。經家族企業學會許可重印。版權所有。

蘭斯伯格（1988）也曾寫過家族和企業對抗變化的《繼任共謀》。他指出，「創始人、家族、所有人、高級經理和其他利害干系人往往對繼任計劃都有過辛酸、矛盾的感受……這些感受導致他們延遲制訂計劃。」作為家族企業顧問，我們經常試圖找到一種符合道德的讓客戶能感受瀕死經歷的方法來激發他們考慮繼任問題。

因為創始人可能感到繼任計劃像是為他們準備葬禮，所以在處理繼任問題過程中，他們感到對抗、憤怒和壓抑是常見的情況。我們已經發現進行一對一的諮詢，讓他們把自己的感受在家族會議上分享很有幫助。這種體驗會讓他們處理好這些困難的問題。還有，讓創始人和家族領導與其他成功實現了繼任的家族企業領導交流也有幫助，而且他們還能獲得要做出

變化所需的社會支持。

儀式的重要性

家庭和企業裡的儀式是為了加強和慶祝過渡，能夠製造出一種新的現實。儀式既有象徵意義，又是一個真實事件，它為過渡事件和告別過去賦予意義，在特定的時間和地點進行，盡可能不要受到干擾。儀式對於保留和培養家族認同感、建立家族文化和聯繫很重要。家族委員會會議是一種儀式，家族靜修會也是一種儀式。儀式對家族中的過渡也很重要，它標誌著時間的流逝和身分的轉移，能夠紀念過去、展望未來。當一對夫婦開始在一起生活，他們就會選擇儀式。這些儀式可以來自原生家庭，也可以是自己創造的全新方式。過渡儀式是傳統社會組織生命過渡和提供慶祝機會的方式。

顧問可以幫助家族創造紀念生命流逝的儀式，標示出變化和加強家族認同感。大型的儀式可以像是家族委員會，而小型的儀式則可以類似母親和媳婦「埋葬」掉舊怨。儀式有三種（本內特，沃林，麥克阿維提，1988）：①典禮儀式，比如婚禮、葬禮和洗禮；②家族傳統儀式，比如度假、周年慶、聚會和特殊的聚餐；③模式化的事件或者例行程序，比如定期的晚餐、每日的問候與道別，或者休閒活動。

在幫助家族企業突破一個重要的過渡中，顧問可能會發現用一種儀式或者創造新的方式有助於管理這個過程。比如，顧問可能發現幫助家庭開展一次儀式——像組織年度家庭靜修會或者慶祝來認可個人的成長、組織的成功，或者評估家族企業的走向和未來的計劃——能夠幫助家族預見和管理這些發展過渡。某些家族儀式還可以用來宣布關鍵決定，分享信息，甚至收集能夠幫助客戶通過不同過渡階段的信息。

總之，幫助家族企業通過發展過渡期是家族企業顧問常見的工作。要

成功做到這一點，顧問必須：①理解個人、家庭和企業處在各自發展週期的哪個階段；②診斷與不同步的各個階段關聯的問題，或者確定哪些是需要解決的「遺留任務」；③制定和執行干預，幫助個人、家庭和企業渡過這些發展階段和處理好與之相伴的抵觸，尤其是繼承問題，因為對大多數家族企業來說這都是關鍵。顧問要幫助客戶創造出能夠促進成功過渡的條件。

在第二部分中，我們已經討論了反饋、計劃和行動研究框架的各階段。我們還描述了個人、家庭、企業相交的生命週期中出現的挑戰和機會。在第三部分中，我們將談到在家族企業諮詢中所需的特殊技能、道德問題和特殊情況。此外，第三部分還包括我們對經驗豐富的顧問所做的採訪，來看看他們從事這項工作時的收穫與挑戰。

第三部分

家族企業顧問

第七章　家族企業顧問的技能和道德

當開始討論怎樣才能成為一個成功的家族企業顧問時，我們先展示兩個案例和相關問題。這些問題會引出那些能幫助客戶的領悟、知識和技能。

▶ 案例7.1

朱迪思是一家中型企業的人力資源總監，她打電話給你這名組織發展顧問，想對公司的員工做一些團隊發展。你和她簽了合同先做一個評估。在評估過程中，你發現這是一家家族所有和營運的企業，由現年八十一歲的父親保羅創辦。他每天早上仍然要到辦公室查看「今天發生了什麼」。兩個兒子管理著公司：戴維是銷售副總裁，湯姆是營運副總裁。你和兩個兒子談話中清楚地發現兩個兒子對父親不能放手讓他們管理公司感到困擾。父親和兩個兒子對每件事都有沒完沒了的衝突。父親對請一個顧問這件事不感冒，他覺得自己一直以來都管理得很好，而且企業蒸蒸日上。他只給你二十分鐘時間，你也知道他對你的想法沒有興趣。朱迪思已經沒有辦法了。她嘗試過召開高管會議，但是最后都以兩個兒子打起來，父親離開會議收場。

（1）你應該瞭解所有權問題的哪些內容，也就是說，誰持有多少股份？是否有所有權轉讓的計劃？

（2）父親對他的年紀、繼任和放權這件事情的想法，你瞭解多少？

(3) 你腦子裡想的繼任計劃是什麼樣？會如何影響衝突？

➢ 案例 7.2

你作為一名律師，被找去為夫妻倆設計一個遺產計劃。他們有兩個女兒和兩個兒子。父母是一家大型汽車零售商的創始人，這家零售商已經擴展到市區的其他地方。母親謝莉和父親鮑勃，已經年近七十。孩子們則都是三四十歲。只有一個兒子赫布和一個女兒喬恩在企業裡工作。另外兩個孩子迪克和瑪莎，加上父母，定期從企業收到分紅。瑪莎離了婚，依靠企業的分紅來維持自己和一個孩子的生活。父母在目前不需要分紅；他們善於投資，而且生活適度。你已經和父母一起設計了一個你認為很棒的遺產計劃。謝莉和鮑勃想要確保他們對每個孩子都是公平公正的。所有文件都已經草擬好並提交給了父母。你剛剛收到喬恩打來的電話，她很憤怒，她堅持要知道為什麼把公司所有權平分成四份。她不能相信你建議給那些不在企業工作的兄妹所有權！她說父母不能和她討論這件事，因為他們從來沒有直接和孩子討論過錢的事情，都是讓諮詢師來做「費力不討好的活」。

(1) 誰是客戶？
(2) 有關家庭決策方面，你需要知道什麼？
(3) 你在諮詢中的角色？
(4) 什麼是對家庭有關所有權和管理方面最好的建議？

自我評估

用示例 7.1 來自我評估，如果你要為上述案例中的家族企業提供諮詢的話，你需要知道什麼。這個評估也是家族企業學會的認證項目中的一部分。(更多關於該項目的情況，見 www.ffi.org)

示例 7.1　家族企業顧問自評問卷

說明：下表所列的是家族企業顧問在實踐中經常適用的主題。用一些時間評估你和期望的知識水平。字母所代表的意思參見註釋。

知識領域	當前水平				期望水平			
	N	A	U	P	N	A	U	P
行為科學								
人類發展								
個性理論								
家庭生命週期								
衝突管理								
系統理論								
家庭治療								
性別問題								
出生序位問題								
家庭動力學								
人際溝通								
癮癖的治療								
家庭功能失調的診斷與治療								
個人心理病理的診斷與治療								
家庭功能評估								
財務								
財務報告分析								
企業估值								
財務規劃								
會計準則								
員工持股計劃（ESOP）								
保險類型與使用								

知識領域	當前水平				期望水平			
	N	A	U	P	N	A	U	P
財富管理和投資回報								
財務顧問的類別								
融資渠道								
資本結構								
遺產和收入所得稅								
法律								
企業所有權的類型								
所有權轉讓方式								
股東的權利								
公司類型								
信託結構與使用								
合夥								
公司董事相關法律								
雇傭法								
遺產規劃技術								
管理科學								
業務與戰略規劃								
組織設計								
組織發展								
工作與職位設計								
管理理論								
領導力理論								
組織文化								
工作流設計								
變革管理								
團隊建設								
績效評估								
教練與諮詢								

知識領域	當前水平				期望水平			
	N	A	U	P	N	A	U	P
管理者繼任								
薪酬體系								
生產與營運管理								
組織評估								
系統理論								

經家族企業學會許可重印。版權所有。

當你完成表格后，回答以下問題：

（1）你認為哪個領域你要加強學習？
（2）哪個領域你有足夠的知識和技能？
（3）你如何學習更多知識？
（4）還有什麼領域你想加入表格？
（5）列出未來12個月你想學習的具體目標？

必備的知識和技能

在20世紀90年代中期以前，家族企業諮詢沒有一個統一的、多學科的模式。許多被稱為家族企業顧問的善意的顧問都不具備必需的技能和訓練。沒有這些知識和技能的整合，傳統的方法不足以解決情感和企業的複雜問題。這種狀況仍然存在，因為沒有最新證據顯示家族企業失敗的數字有所減少。但是，好消息是人們開發了一些培訓項目，可以增加這個領域的專業性。在不久的將來，家族企業可以看到他們的顧問受過適當訓練，也具備相關經驗，可以真正被稱為家族企業顧問。

正如前面提到的，家族企業學會的知識體系委員會從 1995 年組建以來，已經確定了「核心專業能力」中的基礎知識：行為科學、管理科學（包括組織發展）、法律和財務。這並不是要求家族企業顧問在四個領域都成為專家，但是仍然期望他們：①在自己的核心專業領域成為專家；②對與家族企業相關的其他專業的關鍵問題有所理解；③具備知道何時把客戶推薦給其他顧問的知識、訓練和經驗；④對貫穿所有專業的領域有所理解。我們在這幾項之外，增加了「自我意識」作為在這個領域有效開展工作的關鍵能力。

自我意識：自我管理和使用

「我們不是以事物本來的樣子看待它們，而是按照我們自己的樣子看待它們。」

—— 塔木德

許多家族企業顧問都來自於家族企業，他們的經驗會影響他們的工作。如果他們不能處理好這些經歷，不管是消極的還是積極的，他們自己的偏好就會占據主導。來自於組織發展和治療領域的顧問接受的訓練是要考慮他們過去經歷對工作的影響；但會計師和律師就很少考慮這點。而我們的經驗是，在家族企業中，情感的強烈程度如此之高，以致於那些以前的、自動自發的反應模式會被激發出來。正如奎德和布朗在《神志清醒的顧問》（The Conscious Consultant）一書中講到：「如果我們不能意識到自己重要的方面，就會用連自己都不知道的方式影響客戶，很可能出現反應性變化。如果我們能夠意識到自己能力的局限性，就能把缺失的知識加入計劃，始終主動地促使自我改變。這樣，我們能夠持續成長，運用我們的強項，彌補我們的弱項。」

比如，一個顧問在她自己成長的家裡扮演「和事佬」的角色，那麼她對衝突的自動反應就是試圖很快平息衝突。但這不總是最好的應對方法，因此她要對自己傾向使用「打圓場」的方法有所意識。有些時候，家庭還沒有做好解決問題的準備，這種干預就還沒到時機成熟的時候。再比如，另一個顧問在自己家裡是一個問題解決者，他對挑戰的第一反應就是盡快解決問題。對他來說，必須記住不要倉促判斷和給出解決辦法，而是要開始提問，發起一次對話。這些自動自發的反應可能是強有力的技能，但是不能反應性地使用。

第一步要理解什麼情況可能帶給我們最大威脅，因為當我們感到威脅、受傷害或者不能應對挑戰的時候，我們會恢復到「自動自發」的保護行為模式。所以，我們要清楚這些威脅到底是沉默？衝突？還是不確定性？第二步是要知道我們最可能如何反應。第三步就是去管理這些反應。這樣我們才能有效地、有目的地、有策略地，而不是自動自發地去解決客戶的問題。比如，一個顧問成長在一個家族企業中，父親是個獨裁者，母親是個受氣包。這個顧問就很難搞定強硬的、管控力強的男性企業主。當他能管理自己的反應時，他就能很有效地應對這些客戶，因為他從一個大師那裡學習了如何處理。如果他失去了對自我意識的管理，就會變成一個不敢說話的小孩兒。

如果我們能夠看到自己的觸發因素，我們就能較少地受到家庭拉力對我們的影響，這種力量在處於危機中的家族，特別是家族企業中非常強烈。我們要做好自己的情感工作：

（1）我們不要把自己的反應和其他人的反應混淆；

（2）我們能保持頭腦警惕；

（3）我們能有勇氣邁進艱難的時刻；

（4）我們能夠用自己的感情作為提供解決方案的信息來源和鑰匙，

而不是把自己的感情表現出來。

　　我們在高度情緒化的體系中利用和管理自我情感的方法在不同學科中有不同的定義。治療師把這些與客戶相處階段的感覺稱為反移情，或者客戶人格的作用，或者呈現了顧問過去的一些經歷的素材。比如，與富豪家族企業家工作可能導致那些成長在家境窘迫環境中的顧問的嫉妒和憤怒，他們還可能不接受一直被嬌寵的小孩兒。顧問需要知道自己從父母那裡得來的有關金錢的信息如何影響到自己與客戶之間的工作。戈爾曼（1995）在《情商》（Emotional Intelligence）一書中提到主導性向是一種不讓情感主導我們思考和計劃的能力。阿吉里斯（1991）說「防禦性反應」會阻礙學習。莫里·布朗（1976）用了一個術語叫「差異化的自我」來描述一個人的「智力會與情感系統獨立工作」。這些作者從不同的角度都說了同一件事：要想有效率，我們需要把我們的感受、思考和行動分開。我們能提升工作質量的一個最好辦法就是管理我們自己、監控我們的反應、意識到我們的個人事項。

　　不管叫什麼，自我意識會決定我們的強項、弱項、過敏反應（我們持有強烈負面反應的情況，通常是過去沒有能意識和管理這種情況的結果）、個人事項和情感誘發因素。這不是說我們要超然或者中立，而是要確定在客戶的情景下正在經歷什麼，能夠以客戶的最大利益為出發點恰當地運用好這些感受。有句名言用在這裡正合適，「我們不能把客戶帶到我們都沒到過的地方」。如果我們都沒能處理好自己家裡的幽靈，我們也不能幫助客戶處理好相似的問題。如果我們自己沒有在那條路上栽過跟頭，我們就沒法帶路。是否知曉客戶與我們自己的情況，以及如何管理客戶與我們之間的邊界，會決定我們是成功的顧問還是失敗的顧問。

　　但是在我們把感情放在一邊之前，應該審視並問問自己它們是否有

用。如果我們感到困惑、沮喪，那麼其他人可能也有同樣的感受。比如，一家公司的總裁開始意識到自己這種「自發」的反應來自於小時候身為長子很早就參加工作供養家庭，他必須要努力才能挽救家庭。彼得·德魯克（1999）指出：「要管理自己，就要定期問自己某些問題，因為知識經濟的成功來自於那些能認識自己的人——他們知道自己的強項、價值觀、如何最有效工作⋯⋯因此，自我管理的需要對人類事務造成了革命。」我們改編和擴展他所列的內容如下：

（1）我的強項是什麼？

（2）我如何執行？

（3）我如何學習？我如何關注誘發因素？

（4）我的價值觀是什麼？我如何判斷客戶的價值觀體系？

（5）我從自己的家庭接收到的性別問題是什麼？

（6）我在自己家裡的情感角色是什麼？和事佬？麻煩製造者？小醜？現實主義者？

（7）我在自己家裡的責任是什麼？

（8）我在家裡沒有討論過的問題是什麼？我現在如何處理的？

（9）我討厭哪些人和事？

（10）我個人所經歷的很困難的事情是什麼？

（11）我什麼時候感到最受傷害？

（12）當我感到受傷害時，我的自發反應是什麼？（不假思索的反應）

（13）我對權威人士的反應是什麼？

（14）我遇到衝突時會怎麼做？

（15）我成長中接收到的金錢的信息是什麼？

（16）我們的家庭經歷的變化和危機是什麼？

我們的結論和反應可能會劇烈地影響變革管理過程。

顧問的家系圖

畫出你自己的家系圖，包括至少三代。花點時間去看它的模式，還有你從家裡帶到生活和工作中的主要問題。與我們做家族企業工作特別相關的是權力、金錢、性別、工作、癮癖、兄弟姐妹、代際關係、衝突和角色，以及你是否是任何三角關係的一方。然后，想想你在客戶諮詢上遭遇過的失敗，看看能否發現任何你的家系圖與這次失敗之間的某種聯繫。

我能得到什麼幫助來提升技能？

經驗是一個人給自己所犯的錯誤取的名字。

——奧斯卡·王爾德

我們做家族企業諮詢不可能獨立開展工作。我們需要幫助、建議和來自他人的挑戰。這裡有一些在實踐中獲得支持的方法，你至少會用到表 7.1 中的一種。

表 7.1　　　　　　　　　　支持和建議類型

支持方法	關係	優點	不足
影子顧問/教練	一對一：「幕後」，通過更有經驗的影子顧問；建議的價值取決於影子顧問的經驗和技能	關係可以提供支持和有價值的洞見	成本：建議質量取決於多個變量；可能需要「試錯」才能找到技能和個性方面的匹配
上級	一對一：上級/下級關係；通常在工作或教育中；責任和權力必須說清楚	上級有更多經驗，而且更資深；費用包含在教育或工作中	取決於不同情況，上級可能是指派的；員工必須聽從上級的建議/意見；員工對上級負責

表7.1(續)

支持方法	關係	優點	不足
導師	一對一：上級/下級關係；教練和個人發展的整合	個人和職業指導與支持同時進行；有助於在客戶的領域中找到正確方法；通常比教練關係時間更長、關係更深	費用取決合同；個人指導不一定受所有人歡迎
學習小組	小組學習和支持；理想的狀況是 6～12 人；指導水平取決於信任還有小組會面的時間；有時候會衍生出其他會議；要決定是否需要多學科團隊	主要是時間成本；社交網路；能知道其他人的工作；有助於建立多學科團隊；意見多，能夠增強解決方案的創造性	通常少於一個月見一次；陳述的機會取決於小組人數和會議內容；找到合適的組合比較難；建立承諾比較花時間

你用各種方法獲得不同渠道的幫助，比如其他顧問或者學習小組，在合同中很有必要寫清楚你和其他支持的顧問的責任、費用、參與實踐、聯繫頻率、工作範圍、工作方式（電話、傳真、電郵或者見面）。通常，密集的諮詢和輔導只會是一對一的情況。但是，輔導方式如何開展也取決於各方之間的關係和建立的信任。

簡參加一個學習小組已經十五年了，這個小組成員之間的信任程度相當高。通常，這個學習小組會給出或收到同時有技術和情感層面的建議。達到這個結果累積了很多年，最后小組中的所有人都相互認同這種方式。但其他學習小組可能只處理技術問題。

作為一種建議性的案例討論模式，顧問們通常描述自己提供諮詢的客戶的情況，簡要介紹引薦的資源、問題性質、不同系統的互動等。然后，顧問談到他們所面臨的挑戰。陳述完案例后，這個顧問可能會提出問題，比如「我現在的做法靠譜嗎？」「我接下來該做什麼？」或者「你知道哪些

人可以幫我解決這問題?」顧問做好聽取意見的準備很重要。為了說明這種傾聽的準備,我們先說一下禪宗大師的例子:

一位日本大師接待了一名來參禪的教授。大師奉上茶水,一直不斷地往茶杯裡倒水直到水溢出來。教授喊道:「別倒了,已經溢出來了!已經倒不進去水了!」大師回答說:「就像這茶杯,你腦子裡全是自己的觀點和想法。如果你不清空你的茶杯,我怎麼能教你禪術呢?」(瑞普斯,千崎,1994)

作為顧問,我們常常需要放空自己才能學到更多,而不是讓茶杯裡都盛滿自己的想法。

另一個我們所需的技能是團隊合作的能力。我們現在要把重點轉向我們和其他顧問合作或者建立自己的團隊的幾個方法。

多學科團隊

多學科合作不僅僅是家族企業諮詢才有的。醫院、學校、不同大小的組織都會看到個人對不同部門承擔責任,但都忠於更大的公司或組織的價值。有時候我們將之稱為跨職能團隊。但是,為家族企業提供諮詢的專業人士剛剛開始認識到作為一個團隊對客戶的好處,而且越來越多的團隊開始提供多學科服務。長期以來,客戶問題的複雜性挑戰著那些想獨自一人工作的顧問,甚至迫使顧問分擔他們的工作。家族企業越來越多地要求以顧問團隊的方式開展工作。

因為家族企業顧問來自不同背景,他們的挑戰就是確定具有家族企業專業的知識結構,還有針對某個具體領域的專業知識,比如法律、財務、行為科學、家族系統、管理科學、組織發展。為了取得團隊工作的潛在好處,專業人士們要清楚每個人可以貢獻什麼,然后才能在一起工作。這裡

有多種團隊模式（胡佛，1999）。團隊功能在工作的頻次、協調水平和團隊組織，以及成員對其他人的承諾方面具有連續性。團隊可能做如下分類：

（1）諮詢式（跨學科）：客戶聘用之前就存在的團隊。

（2）合作式（多學科）：來自不同學科的顧問在學習小組論壇上見面，相互瞭解其他人的工作，在需要的時候把另一個顧問介紹給自己的客戶，或者作為自己的影子顧問。

（3）戰略聯盟式：來自兩個或以上學科的顧問經常一起合作，但各自都有自己的業務。

（4）偶然式：顧問因為客戶或者偶然碰到而認識，幾乎不用協調。

（5）沒有功能整合的團隊：顧問相互不認識，儘管為同一個客戶服務，也沒有相互協作。

儘管這個領域對團隊諮詢的接受度不斷提高，而且顧問團隊會提供更好、更有效的建議這一點也得到承認，但是多學科團隊仍然面臨多種挑戰（不管是不是傳言，但治療師群體都認為如果團隊存在協調、競爭或者衝突問題，其實對客戶並不好）。這不大可能像麥克盧爾（2000）在文章《領導顧問團隊》（Leading a Team of Advisors）中提到的，要把顧問圈在一起就像把貓圈在一起一樣難。他對顧問團隊的建議是：

（1）有些問題確實需要整合才能解決（大多數家族企業問題是「整合性」的，也就是說，這些問題會同時影響家庭和企業，儘管有一些問題，比如繼任，可能對兩者都產生深遠影響）；

（2）有具體的目標；

（3）有一位能讓團隊集中關注客戶目標的領導，他能夠很好地與企業所有者、家族、高管和其他顧問溝通。

以下是所有團隊在開始工作之前要解決的問題：

（1）誰是四分衛？誰來監督工作是否協調一致？

（2）如何處理帳單？

（3）如何管理分歧？

（4）誰負責聯繫客戶？

（5）客戶如何能買多學科團隊的帳？

（6）如何解決在最好的主意、建議和推薦上產生的競爭？

（7）每個人怎麼找到時間制訂最符合客戶需求的計劃？

克拉斯諾和沃爾科夫（1998）都是律師，他們為多學科團隊工作方法經常出現的整合問題做了一個很好的例子：婚前協議、遺產計劃和不滿意的少數股東的清算協議。他們建議，很多時候，律師都作為盡職的代筆人，而沒有質疑客戶想達到的某些目標是否智慧。作者提出了研究的問題，比如：婚前協議是否在這個家族企業面臨的情況下有現實價值？有沒有其他更好的方法？律師、會計師和保險銷售人是否意識到把節省稅收作為優先考慮的不足？或者，儘管意識到了，為什麼他們認為客戶會拒絕這些意見？傳統的少數股東股權購買協議能否達到期望的好處？

溫頓（1998）審視了裙帶關係（雇傭親屬的做法），使用了五個角度的跨學科觀點：環境、管理、行為、法律和財務/經濟。她強調考慮這些領域如何互動和在一段時間內相互影響的重要性。這個更大的視角鼓勵我們去審視每個案子、每個客戶，用一種開放的心態，從所有方面考慮問題，做更有效的顧問。表7.2是我們對溫頓表格的改編。

表 7.2　　　　　　　　　　家族企業問題多學科研究表

	法律	財務	關係	組織發展/管理
婚前協議	這是最有效的法律解決方案嗎？有沒有可能預防引發長期的法庭戰爭？是否有強制力？還有什麼達成同樣目標的更有效的方法？	是否防止不公平的贍養費？能讓企業留在家族中嗎？有什麼婚前協議中沒提到的財務影響？	婚前協議對夫妻和家庭的影響是什麼？有什麼方法能讓這件事在結果和感情上都能讓人接受？	婚前協議是否對管理和組織有影響？有沒有任何附帶後果？
繼承	對所有權結構有什麼法律選擇？繼任計劃對家庭有什麼法律影響？	上一代經濟上的需要是否得到滿足？如何能實現，以及他們需要什麼？對下一代領導的薪酬福利怎麼設計？下一代之間是否可以在業務上競爭？	繼任者的選擇會產生什麼情感影響？關係和家族紐帶有多強？適應力要有多強才能夠有效應對繼任？家族下一代是否有能力持有和經營企業？	所有權轉移會如何影響到高管團隊？新的領導結構選擇如何評估？如何選出最好的領導？如何在公司內溝通？
少數股東	是否詢問了少數股東關於出售股份的意見？他們有什麼反應，法律上怎麼看？少數股東存在的長期法律影響是什麼？	少數股東是否會參與企業分紅？對他們的財務安排是怎樣的？是否有少數股東打折出售股份？	在企業裡和企業外的少數股東的感受是什麼？家族折扣出售股票對家族關係的影響是什麼？少數股東接受股票但不在企業工作會有什麼影響？	如何對待在企業工作的少數股東？如果有任何這樣的股東，對企業有什麼影響？是否有長期的策略來處理企業中的少數股東問題？

改編自溫頓（1998）、克拉斯諾和沃爾科夫的相關內容。經 FFI 許可后重印。版權所有。

表 7.2 使用指南

（1）如果你不能為每一個專業障礙提出有理有據的計劃問題和答案，

那麼就要找一個其他領域的專家到你的團隊。

（2）這些問題可以變成從多學科視角評估家族企業問題的藍圖。

（3）每個問題都要問具體，不斷地微調直到你瞭解更多的情況。

下面是關於諮詢管理主題是怎麼收費的。

諮詢費

諮詢費不是一個經常被人寫到的主題，但是因為各種原因也經常被討論，包括我們的弱點、競爭和對收費標準的批評。因為家族企業諮詢領域是由多個職業組成的，所以收費的方式也有所不同。你必須要確定哪種方式最適合你和你的團隊。表7.3列出了幾種服務收費方式。

表 7.3　　　　　　　　　　收費方式

	方法	優點	風險
按小時收費	根據工作小時收費，是法律、會計和治療專業的收費方式	清楚、簡單、計費時間可以協商；不管是與客戶面對面還是自己工作都會計費	有些客戶覺得這種方式會減少他們與顧問的聯繫，特別是考慮到每一分鐘都和錢有關
按天數收費	根據工作日收費	清楚、簡單，按你為客戶工作的天數收費	同上；最開始合同中約定的天數要重新協商，因為家族企業的問題從來都不容易解決
按項目收費	根據項目或一定工作量收費，比如家庭靜修會、一次家族企業評估，或者組建外部董事會	根據你的經驗，告訴客戶要完成某一個工作可能需要的時間，讓客戶知道哪些項目要花錢	不管最後完成項目的時間長短，收費都是一樣的。遇到家族企業或者獨特、複雜的系統時，通常都會花比預計更多的時間

177

表7.3(續)

方法	優點	風險
預付費	在一段時間內收取一定費用，不管客戶在這期間是否使用服務。比如，合同可以約定幾個月	讓客戶能找到你，使用你的服務，通常是客戶發現顧問已經證明了自己的效率；如果你同時做幾個項目或者客戶對諮詢費有顧慮，或者客戶想優先占用你的時間，這些情況都適合用預付費；不是按時間計費	如果協議裡沒有關於如何最好使用顧問時間和才能的約定，顧問可能會被過度使用；應該要寫清楚在雙方都方便的時間，而且應該理解盡可能讓客戶感到受關注
按產品收費	根據產品付費，比如，工作簿、報告等	簡單、清楚，產品可以在服務和時間之外獨立收費	低估或高估費用；沒有很好地向客戶說明產品或者做好產品培訓
根據結果收費	根據產出而不是工作時間收費。衡量結果是在簽約時約定的，可能是銷售、利潤、文化，比如團隊的新觀點、內部晉升等	你參與到組織的發展和收益中；不按時間收費；客戶的費用在一開始就確定了；產出或者改進來自於和客戶的合作；建立關係；清楚地定義了目標；對家族、企業來說都是客觀實現結果的很好的練習	在家族企業中目標可能不斷變化，有太多變量和情感因素；隨著諮詢進展結果可能變化；很難定義產出；結果必須客觀而不是主觀（有關基於價值的收費的有趣討論參見 Alan Weiss 的《終極諮詢》（The Ultimate Consultant, 2001）

選擇諮詢費計劃的指導原則

現在，人們知道每一樣東西的價格，卻不知道它們的價值。

——奧斯卡·王爾德

我們發現以下的指導原則有助於顧問設定收費計劃。

（1）選擇匹配你的價值、技能、記錄和舒適程度的方式；

（2）和客戶說清楚他們在為什麼付費，而且堅持下去；

（3）如果需要，重新協商工作內容而不是費用；

（4）收費保持一致，知道你所在的領域的收費行情，如果你要出差，需要知道其他地方的行情如何；

（5）費用包括差旅時間和其他花費；

（6）記住不是一個方法適用於所有地方，所以提前決定你對不同規模的公司、不同地區的公司，以及根據你的技能和經驗水平收費；

（7）選擇你想做的案子；

（8）如果費用是個問題，就和客戶討論，達成一個雙方都認可的優先工作清單；

（9）記住你所帶去的價值和收費；

（10）無償服務有它自己的回報；如果你接受了這個工作，要清楚你的貢獻和你同意做這項工作的原因，比如，有挑戰性、能夠為社會或社區有所貢獻，或者將帶來更多的工作或者更大的合同；

（11）當在團隊工作時，提前決定你是按個人還是按團隊收費（這通常是團隊如何一起工作的功能；團隊如果是由來自同一個學科的顧問組成的，通常都發一個帳單；如果是多學科組成的顧問組成的就會分別開出帳單）。

雖然對顧問來說，收費是很重要的一件事，但是不要只考慮錢這一個因素。顧問還要考慮的因素之一是職業道德，這才是我們工作的基礎。接下來的篇幅詳細說明了在家族企業和家族企業諮詢中的職業道德問題。

道德問題

道德，就像藝術，是要在某個地方畫一條線。

—— G. K. 切斯特頓

道德這個詞與文化群體和民族精神有同一個詞根——自身、自身特點（沃特金斯，1985）。這個起源說明道德其實是關於自身的角色，我們如何看待自己，和哪些人處在關係之中，我們如何對待他人，是主導我們行為的原則，以及對善和惡的定義。道德涉及我們個人和職業上對善和惡的意識。

家族企業的道德

直到最近，有關家族企業道德的研究也為數不多，儘管大眾文學上充滿了哥特式的關於在一起工作的家族的嫉妒、貪婪和不道德行為的傳說。從《家族企業》雜誌上十七名「耻辱堂」入選者的故事中，我們給出四個有關不道德行為的例子：

（1）赫爾伯特·哈夫特是折扣零售商的創始人和 CEO。1973 年，達特開除了他的長子——也是總裁——羅伯特，因為他認為羅伯特想取代他。有企業控制權的哈夫特家族分裂成兩個陣營。經過了四年還有之後的一次離婚，哈夫特失去了控制權，最后根據《破產法》第十一章提交了破產申請。

（2）對庫佩公司控股的辛格家族操縱高收益債券的價格，頻繁在公司帳戶和以主席嘉里·辛格的妻子和嬸嬸的名義設立帳戶間交易。這個陰謀在其 1994 年承認 21 項詐欺之前為辛格家族控制的企業「賺取」了三

百萬美元非法利潤。

（3）萊特·埃德的創始人阿歷克斯·格拉斯建立起一家零售業巨頭，然后他比較大的一個兒子馬丁在 1995 年把他趕出董事會，並且清除了辦公室裡有關他父親的紀念物。馬丁因為不當質押公司財產來擔保一項公司銀行貸款，接著又偽造有關質押的董事會紀要，而在 1999 年被逐出董事會。公司承認在馬丁控制下觸犯了各種會計法規。

（4）市值 800 億美元的韓國工業聯合體現代集團由獨裁的鄭周永創建，在一次巨大債務和兩個兒子為首的小集團內訌中破產。兩個最大的事業部瀕臨破產，另一個兒子鄭創宇在 1990 年自殺。

亞當斯、塔什干和肖爾在 1996 年的《家族企業評論》中的一篇文章裡報告了家族和非家族企業中的道德。作者發現家族企業和非家族企業之間的差異很小但又很重要。這些差異主要存在於傳授和強制執行道德尊重的方法上。作者的結論是：「非家族企業看上去主要依靠正式的方法，比如道德準則、道德培訓和懲罰。相反，家族企業主要靠合適行為和行為規範的榜樣非正式地在成員間流傳。」

加洛（1998）研究了成功西班牙企業中的道德問題。他在描述了 253 個雇員的反饋後指出，從延緩啓動繼任、迴避複雜的戰略規劃，或者建立一個在花錢買來的忠誠基礎上的組織背后常常能感受到道德被違反。

在家族企業歷史學家威廉·奧哈拉的研究之上，《家族企業雜誌》的編輯在 2001 年春季刊上闡述了美國最老的家族企業共同的特徵：優秀的基因、運氣、地處農村或者小城鎮、真正有興趣提供超越股東利益的更大的使命需要、道德規範在賺錢的激情消磨以後長期存續的力量。換句話說，家族企業做得好是因為在做對的事情。

作為顧問，我們的目標應該是幫助客戶維持他們的道德基礎，但這常

常和客戶選擇相衝突。我們還要幫助他們建立道德框架來審視他們的行為，以便做出恰當選擇。

顧問自己的道德

因為顧問來自很多學科和職業，所以需要建立起一種新的職業模式。以下是幫助各個職業實現這種過渡的問題：

（1）律師會問：誰是我的客戶？

（2）治療師會問：保密問題是什麼？邊界在哪裡？比如，我是否可以和客戶共進午餐？

（3）會計師可能會問：優先考慮的財務問題是什麼？它們如何能匹配家族的優先事項和價值觀？家族評估中的無形財產是什麼？

（4）組織發展顧問在努力解決深層次的干預時會問：我們應該如何處理家族中的衝突，這些衝突是否導致了對員工的不平等對待？

網上有一篇發人深省的實務論文《一個社會工作者對其所在的職業責任委員會的審查》指出，阿拉巴馬州伯明翰市的家族遺產顧問瑪蒂·卡特爾因為違反保密規定受到州社會工作委員會的審查。該委員會不承認她的工作是一個全新領域的一部分，甚至拒絕考慮制定現存社會工作實踐中的指導原則和要求。作者最后的結論是，「家族企業的顧問正處在創造一個新的、與傳統角色有很多不同的業務模式過程中，業務上的變化比管理機構制定的指導原則更早出現。」

嘗試著制定顧問道德行為聲明，家族企業學會（FFI）撰寫了目前唯一的家族企業顧問道德準則，見示例7.2。

示例7.2　家族企業學會（FFI）職業道德準則

2001年4月通過

目的

家族企業學會的成員有義務保持最高的職業標準。成員來自各種不同的職業，許多職業有自己的職業準則。但是本學會成員願意遵守下述職業行為標準。如成員所在具體專業領域的職業準則不同於如下標準，則執行更嚴格、範圍更廣或標準與敏感性更高的標準。

客戶

在諮詢介入開始的時候，家族企業顧問要以書面方式聲明他/她在介入過程中代表誰的利益。如果顧問在介入過程中需要改變客戶的定義，則要與所有合適的參與方溝通、協商並書面確認。

成員、成員所屬的組織，以及職業協會要對客戶信息和客戶身分保密，未經客戶書面同意不得披露。

職業行為

成員不能以欺騙或誤導的方式展示自己的教育背景、所受訓練、工作經驗、職業證明、能力、技能和專業領域。

如果顧問將客戶推薦給另一方，則需向客戶披露自己與另一方之間的任何商業關係的性質或組織架構關係，以及是否有推薦費或費用分擔。

成員同意不誤傳與家族企業學會的聯繫，也不暗示客戶自己是家族企業學會的成員，持有家族企業顧問證書也不代表著受到家族企業學會認證或支持。

任何可能的時候，成員要避免真正的或認為的利益衝突，並披露給所有會受影響的各方。

成員有義務向客戶提供在與客戶正在考慮的決定相關的介入過程中所獲得的所有信息。

成員有義務通過自學和定期參加與家族企業相關的會議和課程在各自的職業實務中與時俱進。

成員在專業活動中應公平對待所有人，不論其種族、宗派、膚色、國籍、宗教信仰、性別、年齡、婚姻狀況、性別取向、身體狀況或其他外表。

當發表或者公開發表他人著作時，成員要認可和尊重知識產權，包括提供最初作者和來源的明確許可。

如果可能，成員要恰當協助其他成員的職業發展並支持他們遵循職業道德準則。

成員要尊重家族企業領域的發展和成長，採取積極辦法提升該領域。

費用

成員要在每一次介入開始時，以書面形式披露收費和費用基準；如果可能，提供該服務的預估總成本。

研究

開展研究的成員在開展研究中，要尊重並關心參與人員的尊嚴和福利。成員有責任充分瞭解並遵守與開展人類參與者研究相關的法律法規。參與研究的個人必須是自願且被充分告知相關信息。

經家族企業學會許可重印。版權所有。

其他資料

　　劍橋創新企業研究中心是一家位於馬薩諸塞州劍橋的非營利培訓機構，近十年來為家族企業顧問提供多學科培訓工作坊。有關時間安排和研討會的內容，請登錄 www.camcenter.org。

第八章　特殊情況與挑戰

在本章中，我們會討論家族企業提出的以下情況和挑戰：

（1）夫妻創業者

（2）情感

（3）癮癖

（4）性別問題

（5）非家族經理人

（6）家族辦公室/家族基金

（7）種族

雖然我們不能對以上每個問題都做深入探討，但我們會指明對家族企業顧問來說最重要的部分。我們在每節後面列出了一些推薦閱讀材料和資源，可供讀者進一步瞭解這些問題。

夫妻創業者

「我們只有一個人要怪罪，那就是對方。」

　　——當被問及在國家冰球聯盟的斯坦利杯比賽中是誰挑起群毆時，紐約遊騎兵冰球隊的隊員巴利‧貝克如是回答

夫妻創業者（Copereneurs），也就是雙生涯（Dual-career）夫妻共同

享有一家創業企業，在最近的 15 年才成為研究和寫作的焦點。早期的作者有沙倫·尼爾頓（1986）、法蘭克和沙朗·巴內特（1998）。他們最早使用夫妻創業者這個詞。20 世紀 90 年代，人們對共同持有企業的夫妻的研究興趣越來越大。在 1990 年，丹尼斯·雅菲在一次講座中提出「嫁給了企業和對方」，強調創業夫妻關係的獨特性。《家族企業評論》中有一篇馬沙科（1993）寫的優秀評論文章，其中提到有關創業夫妻的文獻要麼關注企業，要麼關注夫妻關係。而且，家族企業文獻可以對整體系統視角的趨勢有所貢獻。如果家族企業是教授關係的研究生院，那創業夫妻就是該院的研究生。

創業夫妻關係的數量越來越多，而且隨著女性持有企業的情況出現，創業夫妻關係成了企業總體中增長最快的部分。增長可以歸因於特許經銷的爆炸式發展，從公司到企業家價值觀的轉變，技術進步使得在家辦公越來越容易，還有就是對家庭經濟和情感健康的更多控制的需求（龐修，柯迪爾，1993）。

父母經營的企業已經有數代了，從本地商店到干洗店，再到大型企業，比如由蘭黛和她丈夫約瑟夫在 1946 年創立的雅詩蘭黛化妝品帝國。多娜·卡蘭和她的丈夫經營著一家時尚公司。露西爾·鮑爾和德西·阿納斯在 1940 年結婚，便在 1960 年離婚前經營著德西路工作室。通常情況下，妻子創辦了公司，丈夫在退休、辭職或不滿意原公司生活後加入。

夫妻的任務

夫妻要想成功地共同工作，有幾項很重要的任務，包括：

（1）平衡好個人與夫妻的發展與成長；

（2）管理好夫妻、個人、家庭和工作的邊界；

（3）分享權力，特別對於企業是由一個人創辦，另一人之後加入的

這種情況；

（4）處理好對性別刻板印象的挑戰。

文化傳統似乎也在夫妻共同創業關係中扮演一定角色。馬沙科（1994）在創業夫妻的研究中發現，傳統的性別角色取向會限制工作分配和繼任計劃。龐修和柯迪爾（1993）在研究了184名夫妻共同創業關係后得出結論，性別在工作和家庭決策上起著主導作用。雖然夫妻對在家裡誰佔主導地位存在不同意見，但丈夫傾向於在工作方面占據主導地位。丈夫和妻子都否認他們在家裡是佔有主導地位的決策者。

夫妻如果能夠成功地共同工作會受益良多。第一，我們通常發現成功的夫妻在一起工作比分開工作能取得更大成功。《團隊建設：合作增加收入和擴大規模的小企業指南》一書的共同作者保羅・愛德華提到：「就像那本著名的小說寫的一樣，這是最好的時代也是最壞的時代。」在同一篇文章中，他的妻子莎拉提出：「如果你能把配偶作為一天二十四小時生活中的一部分，那是我能想到的最接近天堂的事情。」（特羅林格，1998）第二，夫妻說他們最享受的事情就是一起工作。正如一個客戶所說：「有些時候，我們可能想要殺了對方，但是大多數時候我們知道沒有比兩個人在一起更好的事情了。」第三，客戶或者顧客有對合夥的雙方都能夠為團隊、公司、服務、產品代言的信心。第四，一起工作能讓夫妻分擔照顧孩子的責任。第五，這通常能使夫妻更能掌控他們的時間。

夫妻之舞

在1968年一本開山之作《婚姻的奇跡》中，作者萊德勒和杰克遜受到用數學和網路研究社會問題、人類溝通和家庭關係的方法的影響，將婚姻描述成為一個體系，在這個體系中夫妻雙方用一種神祕方式互動。這種神祕方式是夫妻關係的悖論——雙方關係越近，自主性的拉力就越強。夫

妻之舞指的是夫妻雙方之間反覆出現的互動或者惡性循環（萊德勒，1985）。夫妻創業者中尤為典型的是他們關注企業，而不是雙方之間的分歧；妻子長時間努力工作帶給丈夫的反應是更努力地工作。這個強化回路不會解決他們之間存在的根本問題，而會耗盡雙方的精力。

所有夫妻都有舞蹈或者互動模式。有些可能只是簡單的雙方從文化和家庭影響中學到的性格特點的互動的結果（米德伯格，2001）。這些模式在以下情況時會具有破壞性：

（1）當這些模式變成雙方相處的主導模式，而且變成了管理焦慮和平衡分離和親密關係的唯一方法。

（2）當「問題保持結構」限制了對互動模式做出必要改變。這個結構通常的表現形式是「默認對話」，也就是夫婦雙方為同樣的事情爭吵，比如錢、員工、公司願景、照顧小孩。不管是什麼問題，雙方如果採用這種方式，那麼真正的問題根本得不到解決。

大多數夫妻能夠在沒有先解決需要依靠防禦性舞蹈來解決的深層次內部爭議的情況下學會了改變這些模式，而且知道如何試著去打破這些模式（米德伯格，2001）。顧問要知道舞蹈的模式以及如何打破這種模式。如果干預沒有效果或者情況變得更糟，夫妻應該找治療師來做更深層的工作。夫妻問題會波及家族企業，比如，定調子和建文化。大多數夫妻之舞包括表 8.1 所列的兩項或更多的過程。

表 8.1　　　　　　　　　　夫妻之舞和相關企業風險

舞蹈模式	互動	企業風險
衝突	指責和攻擊；升級成攻擊和反攻擊的循環	不能對現實和願景達成共識；衝突造成員工之間的關係緊張；憤怒侵入了企業文化

表8.1(續)

舞蹈模式	互動	企業風險
疏遠	相互疏遠，逃避、斷絕關係（不聯繫）	問題沒有解決；工作量加劇；給客戶、供應商、員工傳遞出矛盾的訊息；無效的間接溝通；避免處理困難的業務問題
追逐者/逃避者	反反覆復但談不攏：一個人帶著情緒而來，一個人帶著理智而去（基於事實的爭論或者意見）	增加了對員工和團隊產生權威的困難；不穩定的基本面；角色死板；存在危機的困難時刻
過度承擔責任者/疏於承擔責任者	過多承擔責任的看管人的極端地位/父母和責任感不足的父母/子女	一方因為承擔了太多的責任而崩潰，而另一方被忽視，沒有參與進重要的計劃或者溝通，被客戶、員工和供應商忽視
三角關係	關注第三方，比如替罪羊、盟友、英雄、復仇者或者病人	業務容易成為消極或積極心理投射的對象：要麼是英雄，要麼是敵人；在工作問題上花太多或太少時間；讓員工或者項目做替罪羊；夫妻從來感覺不像個團隊；文化上也反應出這些問題；還會成為其他問題的溫床：比如家族企業委員會都會被牽扯到這個舞蹈中來

早期的警示信號

（1）有未解決的歷史爭議（當訪談這些夫妻時，每個問題裡都埋有與未解決的工作和家庭問題相關的地雷：「如何劃分工作角色？」「誰負責銷售人員？」「你或者你們如何分擔照顧孩子的責任？」）；

（2）每個人都想指責另一個人，而不是接受自己的責任；

（3）他們經常把你扯到一邊去說其他人的失敗和不足；

（4）員工被扯進夫妻之間的爭吵；

（5）雙方對公司的願景和未來有不同意見；

（6）雙方之間有秘密，導致溝通不能公開簡單進行。

婚姻狀況惡化，會在一段時間內在不同階段反覆出現，而且成為夫妻關係的一部分。

簡的一個客戶就是一位創辦了兩家企業的妻子。莎拉是一個能力強、精力極度充沛的企業家。她創辦了一家臨時員工招聘公司，求她丈夫杰夫也加入。杰夫同意加入公司並負責信息服務。開始幾個星期，事情還比較順利。薩拉接著讓他去做一些和信息服務不相關的工作。在第二個月底，杰夫崩潰了。但是當他想對薩拉說不的時候，不管是在公司還是在家，她就發脾氣，而且幾天都不消氣。杰夫最終離開了公司回去做自己的工作。薩拉找了另一個人來代替杰夫，問題到此結束。當薩拉賣掉這家企業後，她又創辦了第二家公司，於是出現了和第一次創業時同樣的事情。杰夫一開始拒絕幫助她打理這家公司，但是最后妥協了，這個循環又重新開始。當簡第一次和這對夫婦見面時，他們說這種情況也發生在家裡，不是什麼新鮮事了，不同的就是現在的風險更高。薩拉一直以來像個女孩兒一樣，通過發怒或者噘嘴就能達成自己的目的，她成年后也還是這樣。她越生氣，杰夫就越讓著她；而杰夫越讓著她，她越來勁。杰夫最后可能甩手走人了。這個強化的循環正破壞他們的關係。一旦他們能夠畫出這個循環並且看到其破壞性，他們就能越來越頻繁地停止這種循環。

另一對夫妻經營著一家食品服務企業，他們決定找第三個人來合夥，共享獎勵和責任。通過幾個月的面試，他們聘用了一位和他們年齡相仿的、經驗豐富的男性合夥人。這個人最近賣了他的酒店，也在尋找新的挑戰。最初三個月一切順利，但是夫妻俩開始感覺到讓第三個人加入進來有多困難。正如這位妻子所說，「感覺就像我們剛有第一個孩子的時候！」他們也意識到自己通常不會向對方發洩抱怨和問題，但是會向這個合夥人發洩。為了避免這種三角關係發展，他們設立了一個周例會來表達抱怨和做計劃。

創業夫妻離婚的可能結果

有兩種與離婚有關的互動模式：

（1）攻擊和防禦預示了早離婚；

（2）忍受、迴避、隔閡和情感疏離預示著晚離婚（羅伯特，2000）。

夫妻通常不願制訂一個在離婚和喪失能力情況下的緊急計劃，但是在過程中加入這個內容至關重要。如果沒有夫妻雙方簽署的協議，結果會在財務上和情感上都有災難性的影響。我們的經驗是，如果婚姻一直以來都「燙手」而且衝突不斷，離婚就是很困難的；如果婚姻已經變冷淡，離婚反而更加容易。我們的經驗還發現離婚協商的時間越長，雙方會變得越刻薄。預防措施包括婚前協議和股權買賣協議。

比如，簡接觸的一對夫妻沒有關於他們如果離婚後業務如何分割的法律協議。結果是在離婚過程中，他們把公司出售了。這個賭註可能很大。當蘇西和唐·湯普金斯在1989年離婚時，公司在那一年的收益已經達到了10億美元的頂峰（霍夫曼，1989）。

什麼起作用？

以下關於如何建立成功的企業合夥關係和婚姻的秘密被研究者證明不成立：

（1）兩個人越相容，婚姻就越成功；

（2）個性缺陷是導致痛苦的原因；

（3）婚姻早期的問題會隨著時間改善；

（4）如果有足夠的愛，婚姻就會持久；

（5）避免衝突會導致災難；

（6）常吵架對婚姻不好。

諾特里斯和馬克曼（1993）以及高特曼（1994a）在研究了15年幸福和不幸福的夫妻之后發現，最可能解散的婚姻存在以下行為：批評、輕視、防禦、孤僻。這四項行為也被稱為是「大災難的四個馬車夫」，隨著時間的過去可以預測分離和離婚。

高特曼（1994B）還發現，我們要去管理衝突而不是解決衝突。事實上，他稱69%的婚姻衝突都沒有得到解決。換句話說，維持破壞性舞蹈的深層問題不是得到瞭解決而是得到了管理。因此，控制和管理這些沒有解決的爭議才是真正的目標——同意有分歧，然后向前看。企業成功的關鍵是不要讓衝突擋了制訂和執行行動計劃的道。他還發現以下模式和婚姻維繫時間長短有關：

（1）正向和負向的互動比例大約是5：1；
（2）自由地使用幽默；
（3）表達積極的愛意；
（4）對另一方的反應保持一致；
（5）儘管是在衝突中，也把對方看作是盟友；
（6）衝突后有效、快速地修復關係。

高特曼得出結論：「一個長期持續的婚姻是夫妻有能力處理任何關係都不可避免的衝突的結果。」（1994b）。

如果夫妻在建立企業一開始就尋求建議的話，最好的建議就是不管他們預期的合夥人是不是另一半，都根據客觀標準去選擇：性格的相容度、充足的業務技能和專業、匹配的金錢目標和企業願景、對企業和家庭的承諾，以及有能力在家庭和企業間保持合理的邊界。

如果夫妻在業務關係上遭遇問題，好消息就是，如果沒有牽扯上深層次的爭議，那麼一旦他們承認這種模式，而且學會更有效地溝通的話，問題的模式能夠改變。顧問可以用高特曼（1994a）的術語「最小婚姻治

療」入手。他建議訓練以下的內容，直到能變成自動自發的行為：

(1) 自我緩解、自我照顧和壓力管理技術；

(2) 時間管理技術；

(3) 降低痛苦維護認知；

(4) 非防禦性的傾聽；

(5) 確認對方說的意思；

(6) 承認和察覺過激的想法；

(7) 練習更好地說話。

除此之外，我們還建議以下內容：

(1) 如果事情確實很激烈了，讓合夥人先通過你來溝通；

(2) 通過幫助合夥人決定來建立決策和衝突管理程序：

業務用什麼樣的所有權結構，也就是股權如何分配？

誰是老板，在什麼情況下是老板？

職位名稱是什麼？

如果一個人想要離開企業但是還繼續婚姻，或者相反的情況，這時怎麼辦？

離婚、喪失勞動能力或者死亡的情況會發生什麼？

家裡和工作上的任務/角色如何劃分，也就是誰主要負責什麼事情，誰擅長什麼，誰負責做什麼？

最后，很重要的是夫妻要①把這些事寫下來；②提升協商的技巧，建立「公平爭吵」的規則；③能夠恢復、持有希望；④尋找和鼓勵新的、不同的反應/解決方法來處理壓力事件；⑤有性別的敏感性，也就是在衝突中或者壓力下，男人和女人最小的技巧可能都不同，男的傾向於變得孤

僻，女的傾向於參與；⑥澄清願景、價值觀和目標；⑦在企業裡面和作為夫妻都需要有獨處和共處的時間。

在家族企業晚期，和年長的夫妻工作會得到回報。家系圖可以用來回顧人生，幫助他們重新發現和講述自己的故事，還可以幫助他們和后代書寫一段傳奇。

顧問遇到的陷阱

為夫妻提供諮詢時，顧問要注意避免幾個陷阱：

（1）希望速戰速決；

（2）比客戶更努力（如果你發現你比客戶還努力、投入的精力還多，找到這樣做的原因）；

（3）不清楚誰在這個系統中有權力，混淆了權力和控制（顧問通常是被在那時最痛苦的人找去的，誰通常是權力最少的人）；

（4）不能分辨簡單衝突和複雜衝突（見第四章）；

（5）在過程中和夫妻兩人扯上三角關係（顧問要想脫身出來需要在自我管理方面練習、練習、再練習，而且對誘發因素要有洞見）；

（6）不和夫妻一起把協議正式化，或者不指定結構和過程（當顧問和問題夫婦工作時，要形成正式的協議比較困難，但是長遠來看，會對提升企業和夫妻關係都有好處）。

推薦閱讀材料

Jaffe, A. (1996) Honey, I want to start my own business. New York: Harper Business.

這本計劃指南為想一起創業的夫妻提供了實用建議。杰夫在書中寫到了回報（更親密的關係、更快解決問題、更好的性生活、互補的技能、

小孩兒和老人的照顧更靈活）和對企業和兩人關係的挑戰。本書還包括了一張 18 個問題組成的「共同合夥人的評估測試」。

Jaffe, D. (1990) Married to the business … and each other: The two worlds of entrepreneurial couples. In The Best of the Family Firm Institute Conference Proceedings, Volume III: The Best of Behavioral Science, pp. 20-26.

Kaye, K. (1991, Spring) Penetrating the cycle of sustained conflict. Family Business Review. IV (1), 21-24.

Lerner, H. G. (1985) The dance of anger. New York: Perennial Library, Harper, Row.

Lerner, H. G. (1989) The dance of intimacy. New York: Perennial Library, Harper, Row.

情感

從我們自身找到幸福不容易，但想從其他地方找到幸福則屬於不可能。

——艾格尼絲·雷普切爾《寶箱》

從歷史上看，家族成員的情感已經因為繼承、戰略規劃、團隊建設和其他各方面的問題成為被指責的對象。毫無疑問的是家族企業就是一個情感系統，其情感強烈的程度能夠達到，甚至在有些時候超過「普通家庭」。顧問對情感和感受問題的偏見已經阻礙了他們與家族企業有效地開展工作。但是，越來越多的證據表明，情感和感受在成功的、理性的決策和計劃中有重要作用。下面是我們提到過的一些錯誤觀念，最后一條來自於懷特賽德和布朗（1991）。

有關情感和感覺的錯誤觀念

(1) 情感是外露的；

(2) 情感阻礙好的商業意識；

(3) 情感是在消磨時間；

(4) 情感一團亂麻；

(5) 情感是留給客戶的，顧問必須保持中立；

(6) 情感是進步的絆腳石和障礙；

(7) 家族是情感的競技場，但企業是邏輯的競技場；

(8) 女人主管家庭和關係、情感、過程；男人更理性，主管邏輯和工作系統。

情感在決策制定過程中的角色

情感在理性思考中扮演著重要角色，而且可以增強或者限制智力。越來越多的證據顯示，一個人如果不能確定自己的情緒就會處於劣勢。在《當機器人哭泣：情緒記憶和決策制定》一書中，麻省理工學院人工智能實驗室的胡安·維拉斯古（1998）說，「有關理性本質的傳統觀點認為情緒和理智水火不容……但神經科學研究已經提供了證據說明事實恰恰相反。情緒在感知、學習、注意力、記憶和其他能力和機制中發揮了重要作用。我們想要把這些能力和基本的理性、智力的行為聯繫在一起。」在他進行的測試中，前額皮質受到損害的病人（感知部分的大腦）在不同的智力和記憶測試中表現良好。但是當遇到現實生活情景時，他們似乎就不能做出好的決定了。

從聽覺和視覺傳來的感官信號從丘腦傳遞到新皮質（思考）和扁桃型結構（情緒）；扁桃型結構處理信息更快並做出生理反應，使人們在思

考和行動前就能感受。有虐待/反應性精神病的人在他們的感覺與行動之間沒有停頓或者沒有思考。

不利用我們的情緒做決定，就好像不用數字做預算。一個家族企業在生命中的多個時期，做出合理決定的能力十分重要。在家族企業的繼任過程中，我們的經驗是那些能對企業和家族的未來做出更好決定的人都知道他們的感受並知道如何利用這些感受來做困難的選擇。關鍵的問題是，我們如何確定情緒、管理情緒，並把它作為決策的數據。一項有用的練習就是由克里斯·阿基里斯和唐納德·舍恩開發的左手欄練習（見示例 8.1），第一次出現在他們 1874 年的著作《實踐的理論》中。

示例 8.1　左手欄練習

目的：開始注意會控制我們交談和阻礙我們獲得解決方法的潛在假設，找到一種安全有效地談論假設的方法。

第一步，選擇一個問題：選擇一個在過去一個月左右，你在家族企業中遇到的問題，我們許多人想忽視的難以處理的人際關係難題。用一段簡短的話描述當時所處的情況，你想達到什麼結果？誰或者什麼在阻礙你？可能會發生什麼？

第二步，在右手一欄（說的情況）：回憶在你所處的情形下那個令人不快的對話，或者想像如果你提出那個問題可能遇到的對話。用幾頁紙在中間畫一條線：在右手一欄裡，寫出實際發生的對話，或者寫下如果你提出這個問題，你確定可能發生的對話。在寫完之前把左邊一欄空著。

第三步，在左手一欄：現在在左手一欄裡寫出你不會說出來，但存在的想法和感受。

第四步，反思：以左手欄為原始信息，參與者可以從寫出的情景中瞭

解許多事情。問自己如下問題：

(1) 是什麼讓我這樣想或有這樣的感受？

(2) 我的假設是什麼？

(3) 我的目標是什麼？

(4) 我是否達到了我想要的目標？

(5) 我為什麼沒有說出左手一欄寫的東西？

(6) 對我、家庭和用這種方式運作的企業來說成本是什麼？

(7) 結果是什麼？

(8) 我怎麼能夠用左手一欄作為原始信息來提高溝通和問題解決的能力？

此練習的進一步使用：

(1) 按照你想要的方式，重新寫出之前的對話。

(2) 檢查你對其他人或情況做出的假設。

(3) 選一部分練習給其他人看，並開始關於誤解和假設的對話。

(4) 想一想什麼不該說，什麼時候我們內在的感受最有用，特別是在家族企業裡的情況，以及什麼時候我們會遭受傷害。

改編自 P. 森吉、A. 柯雷勒、C. 羅伯茨、R. 羅斯和 B. 史密斯的著作（1994）。

同樣，最有效的顧問知道如何利用自己情緒有策略地對待客戶（我被你現在說的東西搞糊塗了，你能說得更直接一點嗎？我理解你的邏輯，但是認為你可能需要理解其他人的觀點。或者，最后一句話聽上去你好像對你父親的地位很不滿，你能解釋一下嗎？）。如果我們試圖壓抑、抑制、忽視我們自己或者他人的情緒，我們就不能服務好家族企業。關鍵能力是

情緒管理。

情商

丹尼爾·戈爾曼在《情商》（1995）和《用情商工作》（1998）中提供了更多的關於情緒重要的證據。戈爾曼用「不能預測一個人在學校可以做得多好，但是可以預測一個人在工作和生活中做得多好的技能」來定義情商。情商（EI）包含思考力和感受力，是一項包括某種程度的技能的能力。戈爾曼強調，情商技能和感知能力是共同發生作用的，最好的表現者同時具備這兩項能力。根據戈爾曼的理論，智商只占到成功的25%，專業和運氣也是因素，但是占比更大的是一組能夠組成情商的能力，包括個人和社會素質的要素（戈爾曼，1998）：

（1）個人能力（知道和管理自己）

自我意識（清楚自己的內在狀態、喜好和直覺）；

自我管理（管理自己的內在狀態、衝動和資源）；

動機（即使處在不利的狀態，也能夠利用情緒來激勵自己）。

（2）社會能力（感知和回應他人）

同理心（能夠感知他人的情緒、需要和擔憂）；

社會技能（善於引導他人做出自己所期望的反應）。

這就是說我們洞察自己的感受、管理自己的感受、識別其他人的感受，以及用有效的方式與他人合作。既有腦又有心，既有事實又有感情，這是對家族企業和試圖努力做好情緒管理的顧問來說非常重要的能力

《家族企業》（斯通，1998）裡的一篇文章提到，Enterprise 租車這家企業是美國最大的租車公司，而且還在成長。為什麼它能發展如此之快？部分原因是因為直接把車交到客戶手裡的策略，但是更多的原因歸結到公

司創始人杰克·泰勒和他的兒子（也是公司 CEO）安德魯的做法上。Enterprise 租車在大學校園中搜尋那些性格外向、積極樂觀的學生，這些學生的情商高於他們的平均學分績。他們通常被認為有很好的人際關係能力。

僅僅是情商高不能保證一個人可以學到對工作很重要的情緒能力，這只表明他們有很大的潛力能學會（戈爾曼，1998）。比如，一個顧問可能有同理心，但是沒有學會怎麼把這些技能轉換到和客戶有效的工作中去。情商在家族中可以傳授和練習。一些人在讀出情緒線索這方面很差勁，不是因為他們缺乏基本的同理心這根筋，而是因為缺少情緒導師。他們從來就沒有學過如何關注信息，也沒有練習過這項技能。他們是差的團隊合作者、領導和計劃人（戈爾曼，1998）。

作為顧問，我們需要幫助家族企業建立他們的情緒能力。為了實現這一點，我們先要建立起自己這方面的能力。情商的概念、測試和指導對家族企業有特殊的吸引力和作用，是一種情感機制（勒凡，1990）。它指明了家族成員常常經歷著什麼，而且使變革和教練有希望，特別是當情商和一項工作結果相關的時候。

處理情緒的小建議

（1）記住如果情緒沒有用聲音表達出來就會用行為表達出來；

（2）給情緒一點時間和空間來發泄和處理；

（3）知道什麼時候可以去做決定；

（4）意識到自己的情緒並有策略地處理；

（5）在決策過程開始的時候，選擇越模糊，情緒扮演的角色就越重要；

（6）知道什麼時候情緒的表達應該被忽略或者延遲；

（7）對情緒的恐懼會導致症狀和問題，比如癮癖，其實是我們的感受和我們自己的緩衝；

（8）如古德曼（1998）提到的，「有情商和同理心的線索不僅是在對話中自然地使用『愛』這個詞，在會議室準備一盒舒潔紙巾，問問孩子他媽真正的興趣，還包括為客戶的最佳利益有策略地利用我們的感情（我想你是否可以和家裡其他人分享一下你流淚的原因？我知道你在家裡有許多事情要關心，在壓力時刻你是如何表現的？在危急中，你怎麼知道或者你是如何瞭解你的每一個需要？你自然應該為你的孩子感到驕傲，你對他們在家族企業裡有什麼期望？)」

推薦閱讀材料

Goleman, D. (1995) Emotional intelligence. New York: Bantam Books.

Goleman, D. (1998) Working with emotional intelligence. New York: Bantam Books.

Quade, K., Brown, R. (2001) The conscious consultant. San Francisco, CA: Jossey-Bass/Pfeiffer.

癮癖

每一種癮癖都很糟糕，不管成癮的是酒精、嗎啡，還是理想主義。

——卡爾·江《記憶、夢和反思》

癮癖是最大的公共健康問題，往往會造成家庭衝突和暴力，降低家族的凝聚力，造成健康、金錢和效率的損失。最近的一項僅僅是酒精濫用的整體經濟成本估算在1995年就達到了2760億美元並且還在上升（酒精濫

用和酗酒國家研究所，www. niaaa. nih. gov/press/1998/economic. htm）。在美國有接近1400萬人，也就是每13個成年人中就有一個濫用酒精或者酗酒。藥物濫用的成本達977.7億美元（這項估算包括了藥物濫用資料和預防成本，還有其他健康護理成本，和工作生產率下降和收益損失相關的成本，以及其他和犯罪、社會福利有關的社會成本）。

癮癖可以分成兩種形式：①物品成癮，包括酒精、藥物（合法或非法）、咖啡因、食品；②過程成癮，即與活動或互動相關的癮癖，比如工作、金錢、性、賭博、關係和一些進食障礙（沙夫，法塞爾，1988）。根據經驗，我們諮詢過的90%的家族企業客戶中都有一名或多名患有癮癖的成員。家族企業中癮癖不能被發現的更高風險的因素主要是：

（1）家族成員通常不參加公司體檢；

（2）家族企業很難開除一個有癮癖並且拒絕治療或者治療后病情復發的兄弟、姐妹或者父親；

（3）個人和企業通常有一筆資金來支付這些上癮的東西；

（4）家族否認這些事情以免傳到外面。

癮癖的信號

以下是顧問要去發現的癮癖信號（貝普科，克里斯坦，1985；卡葉，1996；沙夫，法塞爾，1988）：

（1）耐藥性增加（上癮的人需要越來越多的物品或者過程來達到相同的反應）；

（2）渴求的增加（想得到物品或者過程非常強烈的需求或者衝動）；

（3）否認、撒謊、防禦、低自尊；

（4）生理依賴；

（5）失控，奇怪的行為和舉動；

（6）功能過度或者不足，責任過度或者不足；

（7）不管是否受到影響，自我感覺動搖，從自我憎恨到自我膨脹，從壓抑到亢奮；

（8）在系統和個人之間的緊張關係和壓力；

（9）虐待行為；

（10）缺席會議；

（11）古怪的行為或情緒狀態；

（12）不容易解釋的財務問題或者損失。

癮癖：是原因還是結果？

癮癖的成因已經很深層次地在不同層面有過爭論，爭論的核心是癮癖到底是原因還是結果？換句話說，比如酗酒的人導致了家庭和工作系統喪失功能，還是這些系統造成了酗酒？一個更有用的過程是把癮癖同時看成是影響每一個在其中的人的失控變化的原因和結果，這有助於我們理解問題的嚴重性，看到什麼事情或什麼人會強化這種癮癖。比如，誰在為上癮者長期的遲到找借口？癮癖對家庭和企業造成了什麼影響？

另一問題是：「這個癮癖是不是服務於某種功能？」從系統的角度看，癮癖「在我們和我們的感情之間設置了一道緩衝」（沙夫，法塞爾，1998）。沒有這些感情，我們就沒有足夠數據開展工作。如果家族的一個成員不參加或者不全情投入，我們怎麼能真正制訂一個好的行動計劃呢？」

在這個似乎和家族企業相關的舞臺上的另一研究領域是依戀。客戶開始用上癮的物質或過程作為「一種管理感情或者是建立與其他人或者他們自己之間聯繫的一種方法」（姬莉，2000/2001）。如果家族企業是成癮過程的對象，一段時間以來的不聯繫可能就會導致創始人不能放手。卡葉

(1996)描述了一種情況,因為父母的自我發展不充分,他們和孩子對成長過程的反應高度緊張,企業變成了成癮的對象。這是有過程癮癖系統的一個例子,如果能得到有效治療,就可以恢復。家族成員可以有更好的生活,不會再想有之前生活中的衝突和焦慮。

偶爾的喝酒或一段時間的賭博或長時間的努力工作和癮癖的區別是:①個人對行為的控制能力;②選擇要素。如果這個人行為失控而且似乎不能選擇停止,那麼就是癮癖。

我們可以做什麼?

作為家族企業顧問,我們通常沒有接受過有關癮癖問題的訓練。但是,這裡有些顧問可以做的事情:

(1) 識別問題的程度;

(2) 瞭解癮癖形成的動因;

(3) 有能力發現癮癖的信號;

(4) 對家族裡的癮癖或癮癖行為做好完整的歷史記錄;

(5) 不接受家族的否認;

(6) 不讓癮癖控制這個過程;

(7) 幫助家庭應對癮癖,準備好採取必要的步驟,比如,開除有癮癖的人,或者進行干預;

(8) 為客戶推薦合適的治療。

顧問理解癮癖的形成很重要。有癮癖的人、家族和企業系統在過去都形成了應對和否認這個問題的方法。一旦你意識到這裡有問題,很重要的是要敏感地面對家族,並且給他們一些選擇建議——給他們推薦癮癖方面

的專家或者讓他們住院治療。與此同時，他們可能感到放鬆、不確定或者憤怒。如果他們繼續否認，你就要判斷如果癮癖繼續得不到治療，你是否還能有效開展工作。

推薦閱讀材料

Bepko, C., Krestan, J. (1985) The responsibility trap. New York: The Free Press.

Cohn, M. (1993, Summer) Anticipating the needs of the grandkids. Family Business.

Kaye, K. (1996) When family business is a sickness. Family Business Review, 9 (4).

Schaef, A., Fassel, D. (1998) The addictive organization. New York: Harper and Row.

性別

在介紹1990年的《家族企業評論》有關「女性和家族企業」的問題特別刊時，薩爾哥尼科夫寫道：「如果有關家族企業的文獻還在嬰兒期，那有關在家族企業中婦女的文獻則還在孕育之中。嚴肅的文章用一只手就可以數得過來。」來自組織發展領域的顧問必須注意女性在家族企業中的歷史，辨別在過去十年裡事情變化了多大、速度有多快。女性在家族企業中成為所有人、老板和看得見的領導的時代到來的簡史一直以來發展緩慢，但是正在迎頭趕上。

變化的潮流

在 1996 年《國家商業雜誌》中的一篇文章《領導力變化的新海》（A Coming Sea of Change in Leadership）中，莎朗·尼爾頓寫道：「這個國家的女性企業主的閃亮形象受到如此少的關注，這讓我很吃驚。根據女性企業主國家基金會的數據，女性現在掌管了美國所有企業的 36%，年銷售額達到 2.28 萬億美元。沒錯，是萬億。僅僅在二十五年前，女性只擁有 5% 的美國企業。」她繼續寫道：「這不是說明在適當的時候女性可以擁有超過三分之一的家族企業？可能會吧。現在，我們不知道有多少女性持有家族企業。但是，一份由麻省人壽保險公司去年調查了 1029 名家族企業主和共同所有人的報告顯示，16% 的問卷反饋人是女性。」（尼爾頓，1996）

歷史上第一次，女兒有可能打敗她的兄弟成為繼任者取得領導權和控制權。僅僅在一代人之前，沒有兒子的創始人傾向於出售自己的企業，而不是讓自己的女兒來持有或經營企業。家族企業在跟上對女性態度變化的潮流方面進展緩慢，但是它們正在迎頭趕上。女性現在在董事會中佔有更多的席位，越來越多地經營或持有家族企業。但真相是，在美國公司中，女性在最高層的情況還比較少見。

對顧問意味著什麼

重要的是我們要把上述情況看成是多樣化的問題。這不僅僅是針對女性，而是有關對整個企業來說未被開發的資源。這時你可以做以下事情：

（1）幫助女性和男性界定他們要什麼，根據他們的技能、才智、興趣，而不是根據他們的性別確定；

（2）在繼任計劃中，幫助父母選擇最好的領導人，不要管性別；

（3）建立公平、平等的支付/報酬和正式的付薪指導原則（勞動統計局說在美國公司中男性每掙 1 美元，女性只掙 76.3 分）；

（4）確保創始人/所有人/管理團隊看到所有給女性和男性的選擇（最近在 2000 年，德勤全球發現女員工離職率遠高於男員工離職率，於是開始重大組織變革，第一步是停止假設女員工是離職待在家裡生小孩兒，而且接受人才流失的責任【麥克拉肯，2000】）；

（5）記住工作說明和正式的職位名稱很重要（許多家族企業中的女性儘管工作努力，但是都不得到這些）；

（6）鼓勵父母，尤其是父親，在女兒的成長中給予積極的信息（家族企業的女性有成功平衡工作和家庭需要的獨特機會）；

（7）考慮女性加入董事會（一份 1997 年由國家公司董事協會做的研究顯示，59%的受調查公司沒有女性董事，30%的公司只有一名女性董事【Inc., 1999】）。

推薦閱讀材料

Cole, P. (1997, December) Women in family business. Family Business Review, X (4).

McCracken, D. (2000, November/December) Winning the talent war for women: Sometimes it takes a revolution, Harvard Business Review.

Nelton, S. (1998, September) The rise of women in family firms: Call for research now. Family Business Review, XI (3).

非家族經理人

作為家族企業顧問，我們常常發現自己和非家族企業經理人（NFM）一起工作。這些人經常被稱為「外人」，他們扮演著以下重要角色：

（1）他們是中立的觀察者；

（2）他們可能協助發展和訓練第二代，可能作為導師；

（3）他們可能作為家族基金的管理人；

（4）他們可能有對企業的忠誠和承諾，與所有者有特殊關係；

（5）在某一段時間，他們可能感覺像是一家人；

（6）他們可能被選為領導人，儘管可能在家庭和企業內部都會產生連鎖反應。比如，如果企業選人不是基於客觀標準、好的企業戰略，以及對領導權轉移的關注，家族成員可能會感到憤怒和傷害。即便這個過程做得很好，家族企業的文化和家族中的關係也可能發生改變）。

在家族企業中，非家族企業經理人通常會面對：

（1）性格、對手和家族問題；

（2）輔導和訓練下一代；

（3）沒有正式的雇傭政策；

（4）感受到不公平的報酬和工作安全問題，以及晉升可能性的問題；

（5）在繼任過程中被要求「把空位頂上」和「過渡階段頂替」。

非家族經理人在后一種情況下的問題是，「我能在這個位置上待多久？」「我是不是會被犧牲掉？」克萊菲爾德（1994）建議，企業要想在領導力危機中生存，「家族應該有選擇非家族領導的緊急方案並幫助他們成功。如果家族已經決定了需要什麼類型的人，而且已經確定了接替崗位的

潛在候選人，那麼當不幸的事情發生時，企業就能做好準備。」

傳統上，家族成員的經理人是職業的非家族經理人的對立面。阿羅諾夫在他有關大趨勢的文章中寫道：「這種差異越來越多地被認為最好的情況是不相關，最差的情況則是危險。家族企業成員越來越多地被期望達到或者超過高管職業化水平的最高點，包括教育成就和在家族企業以外取得的職業成就。」這不是說家族企業不需要非家族高管和經理人。波薩和阿爾弗雷德說：「幾乎沒有關於管理家族和非家族經理人之間關係的最有效方法的數據或者思想。但是任何一家有一定規模的家族企業都要依賴非家族經理人的質量和效率來實現公司的持續成功和發展。」（1996）波薩和阿爾弗雷德比較了家族和非家族的反應，得出的結論是，非家族經理人通常對管理實踐和繼任問題比起他們的員工來說，態度沒那麼積極。而且「我們發現的這種差異顯示，對所有者經理人來說，提升他們高層雇員的動力和技巧是一項重要的挑戰，也是很大的機會。」他們還得出以下一些結論：

（1）家族成員通常對其繼任後企業還是由家族管控的狀況相對更自信。

（2）家族企業的CEO尋找激勵高層員工的方法，因為這些高層會意識到高層領導崗位很可能落到勝任能力不如他們的家族成員手裡。

（3）對非家族經理人來說，他們對自己大好前途的自信非常重要，但是在家族企業中很難保持這種自信，因為他們往往不得不贏取第二代所有者經理人的信任。

（4）CEO比非家族經理人認為企業更有創新；事實上，非家族企業經理人比CEO對管理實踐的滿意度要低，而且更傾向於看到企業再過五年和現在也一樣。

（5）家族成員更可能同意這個說法，即「在這個組織中的人知道他

們代表什麼，也知道我們希望怎麼做生意」。這就帶來一個問題，當家族企業的價值觀和哲學發生變化的時候，非家族企業經理人是否會離開企業。

（6）非家族經理人更少參與「制訂計劃和執行計劃」。

（7）所有者經理人對慣例和流程的作用更加樂觀（根據一個研究，「因為對現狀的不滿相對少，所以要讓 CEO 相信必須採取行動才能夠重振企業或者開始制訂繼任計劃並不簡單」）。

（8）非家族經理人通常比家族經理人對薪酬福利的滿意度低。

（9）僅僅在一個重要的分類下，非家族經理人對企業業務的評分持續高於家族經理人：他們對績效反饋的結果的滿意度比非家族企業經理人的滿意度高。

波薩和阿爾弗雷德得出結論，非家族經理人的工作長期以來被認為是理所應當，而且家族企業需要創造和保持能夠讓非家族經理人的忠誠度和績效最大的文化。

根據這份研究和我們自己的經驗，我們給出如下建議：

（1）所有人必須努力展示非家族經理人的貢獻有價值；

（2）CEO 應該建立持續的與高層經理人之間的對話，查看各自考慮問題的假設，詢問問題和爭議，縮小觀念上的分歧並澄清未來的計劃和期望；

（3）董事會中的非家族成員應該成為對家族和非家族經理人日程的中立觀察者；

（4）顧問應該從行業中的公眾公司的政策上選取目標對象；

（5）在合適的時機，顧問應該讓非家族經理人更大程度地參與戰略和營運計劃；

（6）家族企業應該對非家族經理人的職業發展和培訓投資；

(7) 如果有輔導下一代的機會，每個人都應該清楚期望和獎勵。

記住：

(1) 非家族經理人是有關家族和組織信息的寶貴來源；

(2) 非家族經理人不會參與家族的大戲，但在團隊建設、員工會議和指導家族方面扮演著重要作用；

(3) 他們角色的有效性與他們在等級中所處的位置以及家族對他們的信任有關；

(4) 非家族經理人在被問到有關家族和企業的問題時感到左右為難，所以對他們回答的保密非常重要。

家族辦公室和家族基金

家族辦公室和家族基金都是能讓家族繼續在一起工作、一起捐助和一起計劃的結構。以下的定義來自蘭斯伯格的《家業永續》（Succeeding Generations）：

「家族辦公室讓家族能夠作為一個團隊根據集中的財務計劃投資，從而擴大他們的購買力，降低投資組合管理的成本。它和家族企業分離，儘管有一些人會參與家族企業。職業經理人監控投資、監管、稅收合規、團隊保險、財務計劃，以及家族內交易，比如股票贈與和遺產計劃。

「家族基金輸送資金到與家族慈善精神和社會價值觀相匹配的組織和事業中。除了那些著名的機構，比如福特、洛克菲勒和卡耐基基金會，還有上千個私人家族基金支持這些活動。這些基金會通常享受稅收優惠，同時還能通過貢獻社區來提高家族聲譽和形象。」

漢密爾頓（1996）指出有接近一半的家族辦公室是由擁有企業的家族創立的，這些家族的核心業務外的流動資產累計達到3000萬美元或者

更多。根據漢密爾頓的研究，家族辦公室實際上已經成了第二個家族企業，它的規模和複雜性很大程度由家族的財務目標和投資目標決定。漢密爾頓指出，員工可能包括一個專業人士，也可能超過一百人。大多數家族辦公室可以通過幫助家族避免不可預見的財務風險，或者執行最小化稅收的轉移方案來讓家族每年避免不可預見的財務風險。

事實上，大多數小一點的基金會沒有全職人員。通常一個家族成員就可以做這些事情。漢密爾頓提出家族可以在企業之外創建一個投資池來提供未來資金需要，還提出不僅僅具有財務價值的三種方法：

（1）專有的家族辦公室；

（2）多客戶家族辦公室，為家族財富在1,000萬~3,000萬美元的客戶設立（通常是一家面向外部客戶的家族辦公室）；

（3）企業家族專長的銀行信託部門和私人投資公司。

斯通評論說，在公眾的想法裡，私人基金會是由美國超級富豪獲得資助的百萬美元的機器。但現實中的情況是，大約20,000家家族管理的基金中的大多數所有的財產不到500萬美元。斯通還指出，在最近幾年，家族基金正經歷顯著的民主化，儘管它們曾經是美國最富有的家庭的特權領域。現在，基金已經成為財務和法律顧問的遺產計劃工具，推薦給適合的中等水平的超額財富家族。

有效的家族辦公室的關鍵包括了三方面：

（1）有一個戰略財務游戲集合；

（2）招聘專職的、經驗豐富的職業顧問來執行計劃；

（3）對家族有承諾並緊隨家族。

優點

營運一家成功的家族辦公室就像營運一家成功的企業。好處有物質上

的也有精神上的，還有財務上的。基金可以成為開展以下工作的一種方式：

（1）為家族成員在一起做慈善貢獻提供機會，建立家族慈善目標，鼓勵價值觀決定和討論，加強后代的聯繫；

（2）建立家族目的和精神，用給予來反應家族價值觀；

（3）幫助老一代人放手退出；

（4）為家族成員創造機會參與，比如，一個家族企業領導人想保持活力，但是又想讓下一代來經營企業；

（5）讓業務之外的財富多元化。

其他財務上的好處包括：①為由於隱私原因要分別處理的財務挑戰提供機會；②減輕全職的首席財務官（CFO）又要做兼職的財務顧問這種雙重職責的負擔；③萬一出售企業，還能作為把個人財務和企業分開的一種解決方案。

贈與哲學

要想更有效地贈與，卡洛夫建議家族注意以下幾個方面：①形成一個能夠使給予反應家族的價值觀的重點；②做這方面的研究；③結果導向；④把基金接受人看成是合夥人，與他們一起增強他們的能力。卡普蘭寫到，當家族企業領導仍然充滿活力的時候組建一個基金，能夠極大地增加家族成功地選定指導家族基金的哲學和目標。馮·羅斯伯格說，家族必須在管理上職業化，投資和尋找非家族管理者；讓非家族管理者加入家族管理當中代表著基金發展的新水平。家族成員與非家族管理者分享信任和某種程度的控制權，以換來更高效、更可靠的組織。

給顧問的小竅門

（1）在適當的時候，也就是說，如果有足夠的資金，而且家族願意以這種方式在一起工作，幫助家族考慮把家族企業或者家族基金會作為一種選擇；

（2）提前計劃和設立基金，當家族成員已經五六十歲而且有活力，企業就可以開始為基金會籌備資金，這可能會變成企業所有人的第二職業；

（3）幫助家族講清楚目標和哲學；

（4）幫助家族建立有非家族成員的董事會；

（5）幫助他們建立必要的基礎建設、人事和資源以確保可以永續；

（6）幫助家族把個人優先事務和社交優先事務區別開；

（7）向家族解釋以下的風險和挑戰：

①基金可能強化已經存在的、產生於決定社會需求和有限事項中的壓力，而且可能擴大分歧；

②如果計劃不充分，治理可能是個問題；

③可能在目標和目的上不能達成一致；

④計劃不好或者經濟情況變化，可能使資源和承諾都不足；

⑤個人優先事務和日程可能超過社交事務，影響到家族作為團隊工作和同意投資策略的能力；

⑥基礎建設還沒有完全建成。

推薦閱讀材料

Council on Foundations, Washington, D. C. (www.cof.org)

Family Business Review. (1990, Winter) Special issue on family foundations.

Sara Hamilton, Family Office Exchange, Oak Park, Illinois（http://foxexchange.com/public/fox/welcome/index.asp）。

種族

雖然我們不會詳細討論種族問題，但對顧問來說很重要的一點是記住我們帶有自己種族的偏見和假設。我們發現，顧問要成功完成對顧客諮詢的介入，他們必須將自己的價值觀和客戶的價值觀調成一致。比如，有亞洲出身背景的客戶通常在處理衝突方面和來自歐洲和拉美的客戶有很大差異。我們還發現客戶的宗教信仰可能會是發生在客戶系統中的事情的背景（比如，摩門教、猶太教和天主教通常對權力、權威、決策等有不同的假設）。以下是顧問在這些問題上要思考的點：

（1）種族如何影響諮詢介入？
（2）種族如何影響顧問的類型和匹配客戶？
（3）在諮詢過程中，種族如何影響客戶？
（4）在訓練計劃和未來研究方面還需要什麼？

推薦閱讀材料

Family Business Review.（1992, Winter）Ethnicity and Family Enterprise.

McGoldrick, M., Giordano, J, Pearce, J. K.（Eds.）（1996）Ethnicity in family therapy（2nd ed.）. New York：Guilford Press.

McGoldrick, M., Troast, J., Jr.（1993, Fall）Ethnicity, families, and family business：Implications for practitioners. Family Business Review, VI（3）.

第九章　家族企業諮詢的回報與挑戰

在本書的寫作過程中，我們採訪了 20 位家族企業顧問，他們從業年限從 8 年到 32 年。他們來自不同的學科：法律、金融、管理、組織發展、家族治理和商業。在這 20 人當中，有 12 名男性，8 名女性。我們向他們提出了如下問題：

(1) 家族企業顧問的角色具有怎樣的獨特性？
(2) 給這個群體提供諮詢的最大挑戰是什麼？
(3) 你對剛進入這個領域的顧問有什麼建議？
(4) 是什麼吸引你到這個領域？
(5) 你學到的最重要的一課是什麼？
(6) 最重要的技能和素質是什麼？
(7) 在實踐中，你認為哪種干預最有效？

以下是他們回答的節錄，他們的個人簡介在本章最後。

家族企業顧問的角色有什麼特殊性？

「你需要有多種技能；多學科的團隊也很重要。」（J. G. 特羅斯特）

「在與家族企業工作過程中，你更像是一個引導師的角色，要讓他們來做決定；你做好程序問題、資源和引導的工作。」（K. 溫頓）

「你要在家庭、企業和所有權三個不同的、高度複雜的領域工作，你還必須對它們都有理解，三者交織在一起，不能分開。」（W. 漢德勒）

「你必須意識到家庭關係和企業關係，這需要理解不止一個學科。你必須對人際關係、角色、責任、股東角色、財務都有深刻的理解。家族和企業的結合非常複雜。」（P. 卡洛夫斯基）

「它跨越和涉及理解其他顧問的角色，需要涉及其他學科工作知識；你更像是一個四分衛，協調和補充這些顧問的工作，還需要與客戶合作。」（M. 科恩）

「家族企業顧問需要理解多個領域和客戶世界的多個系統：家族、股東和經理人。家族企業顧問需要管理的模糊性和複雜性問題比傳統企業的顧問要多。」（B. 布朗）

「比較特殊的一點是，我們要處理由兩個典型的獨立系統組成的複雜系統，這兩個系統通常是處理其他系統的顧問不會關注的領域。因此，這個角色要發揮效用，需要顧問處理整個系統，關注這個系統獨特的交互作用，而且連接上整個體系（也就是所有的股東）。因為還涉及持續了幾十年的家族和其他人的關係，這個角色變得更加特殊。此外，這個系統還有建立強烈信任聯繫和取得廣泛支持的機會。」（L. 達修）

「相比一般顧問的世界，家族企業諮詢需要有對過程和諮詢技能有趣而複雜的組合。顧問只有其中的這項或那項技能的話，要處理家族企業的事情就比較困難。顧問需要瞭解多種性格類型/角色，要有感知力和很強的分析能力，而且內在就是個解決問題的人。不然，很容易不知所措。」（E. 胡佛）

「和家族與企業系統交疊一樣，家族企業顧問必須很好地跨在那條線上才能做好諮詢。顧問如果只精通財務報表分析，或者只熟悉弗洛伊德夢的分析領域，可能都會感到要全方面代理好家族企業都是沒有準備好的。比如，當我們接受的是律師的訓練，通常會傾向於著眼在商業問題上。我也和正在應對家族藥物濫用、身體暴力、婚姻不忠、家族成員無預料的死

亡、性別問題、性虐待和其他問題的客戶工作過，往往沒有一種簡單的方法可以代理家族企業的問題或者忽視個人的動力。你還需要知道什麼時候需要引入其他顧問。」（J. 沃福森）

「在諮詢密集度方面有特殊性；我們總是在管理任務和關係過程。和家族企業工作就像打開了燃燒器。成員之間的脫氧核糖核酸（DNA）聯繫很緊密。」（K. 懷斯曼）

為這群人提供諮詢的最大挑戰是什麼？

「不要陷入一個或另一個小團隊中，你是一個引導師；你不站隊，只是確保一方能夠聆聽另一方。」（K. 溫頓）

「家族問題最終都會回到出生上，所以，任何希望想要改變或者對家族施加影響都是做夢。通常，因為家族擋在路上，要讓企業運作得更好是件非常惱火的工作。」（W. 漢德勒）

「我們要變得能夠意識到自己的行為和可以干預什麼，需要意識到行為可能是負面的，會對未來幾代人產生影響。」（T. 扎內齊亞）

「很重要的一點是幫助潛在客戶克服解決重要爭議的抗性。把家族成員都召集到一個屋子裡來解決問題很有挑戰。讓父母和其他家族成員坐在一起通常很難。」（P. 卡洛夫斯基）

「平衡過程和行動，也就是接近並幫助客戶在參與中前行。顧問有可能太過於關注過程，或者太過於關注技術性建議。傳統的顧問和註冊會計師都是行動導向；傳統的家族企業顧問太關注過程，沒有足夠強調行為改變。只關注一個問題會導致失敗。雖然查閱財務報表很重要，但是我們也需要理解商業的真實價值和誰在驅動這些價值。哪些是有形財產，哪些是無形財產？我們的一個錯誤就是不能理解這些事情的重要性。還有一點很重要，就是推進過程，讓它保持向前。如果你不把律師和註冊會計師看成

是客戶世界中的一部分，看成是干系人，你可能會錯過諮詢中很重要的部分。」（M. 科恩）

「要讓客戶足夠理解不同的領域，帶給他們價值，而你自己不是這些領域的專家。還有一點很重要，是引入其他人參與，和其他專家建立良好的工作關係，共同努力解決問題。」（P. 科爾）

「挑戰包括找到務實的而不是現成的解決方案；教會老腦筋和死腦筋新把戲。意識到問題人物、替罪羊可能是最明智或者接觸到痛點最多的人。」（I. 布萊克）

「做一個好的團隊成員是最大的挑戰。懂得最好的建議也只會被部分採納，積極的結果可能也要數年才能成型。你不能自己完成這些事，你需要團隊、股東和其他顧問接受這些。你需要承認這些問題的複雜性和壓力，需要知道一個方法來建設一支關鍵的非家族領導人的團隊。」（B. 布朗）

「正直是最有挑戰的事情。你可能被困住，所以必須知道自己的角色、邊界和價值觀。你需要確保讓所有人參與並按計劃執行！我是一個家族企業的顧問，客戶處在家族和企業的整合系統中。其他的挑戰包括平衡所有股東的利益、強調溝通、發展技能、架構、安全；設定個人邊界；用發展的眼光看問題；建立合法的架構，比如董事會。」（L. 達修）

「最大的挑戰是：①能夠思考，有工具、行動和以多學科視角工作，這對一個心理學家來說不是自然而然就能做到的事情，②與其他專家合作：學習其他人的語言，處理職業和文化的邊界，③避免陷入客戶的系統：需要知道你自己和客戶的歷史和內在的動力，④清楚自己。」（E. 胡佛）

「對我來說，最大的挑戰是不能過快地下結論。人們通常認為律師和顧問的角色是給建議。越快越決斷地做出結論會過濾掉相關信息，給出顧問自己的建議。這種方法可能不能為家族企業提供最佳的結果，原因有幾

個。首先，爭議往往很複雜，很少能有速戰速決的情況。可能更重要的是，如果律師或者其他顧問在沒有讓家族參與到決策的過程中就得出單方建議的話，可能也有人聽，但是通常人們不會照辦。借助一些從治療和關係方面處理家族企業的專家的方法論，過程可能和內容一樣重要。要管住自己不給出建議很難，有時候客戶只是還沒有準備好聽這些建議。」（J. 沃福森）

「在過程的強度中管好自己；不要提供答案，尊重這些問題；相信家族有巨大的能力去找到解決問題的方法。通常，技術方法大多被用來減少顧問的焦慮而不是幫助家庭。我們必須理解沒有速戰速決的事情。」（K. 懷斯曼）

「瞭解你自己；你在那裡，本身就是很好的干預；在沒有做出對信息是否有價值的判斷之前，我們要保持客觀；我們要能夠對信息做出反應或者暫時不管，但不要忽視，要能處理它們，而不是做出過度反應。我們需要知道自己的軟肋在哪裡，可能在哪些地方無意識地就走到了自己的路上。這是為什麼一個影子顧問是很好的主意。」（G. 艾爾斯）

你們對剛進入這個領域的顧問有什麼建議？

「對自己也採用一個轉型過渡的策略。不管你最初的職業是什麼，你不能把自己吊死在一棵樹上。這是一個多學科的業務，需要擴展你的技能，而不要僅僅依靠現有專業的技能。計劃一個自我營銷過渡階段，同時建立客戶基礎。家族企業學會是朝這個方向前進的正確一步，它會提供繼續教育。」（J. G. 特羅斯特）

「除了要有在你自己的領域所受的教育之外，要在這個領域有些好的工作經驗。提高傾聽和推動的能力，與其他人合作，知道和承認你的局限。經驗和成熟度是需要的。要知道什麼時候離開一項工作或不做某項工

作。知道你要做什麼，不要陷入你必須掌握每一件事情的處境，然后犯下錯誤，還要知道你不知道什麼事情。」（K. 溫頓）

「意識到自己，要有強烈的自我感知，才能知道你在影響什麼。最好的顧問是那些能影響自己的顧問。」（T. 扎內齊亞）

「確保你或者你的同事對家族系統和企業系統有深刻瞭解。你必須知道的最重要的事情是你不知道什麼，以及如何找到答案。這是一個多學科團隊方法，最好的團隊是有兩個性別、兩種組合。」（P. 卡洛夫斯基）

「承受風險，挑戰你自己對家族企業的假設。什麼是家族企業？思考哪些企業問題、性別問題和其他假設會阻礙你的能力發揮效用。比如，這個假設可能是保護家庭不是最重要的事情。事實上，他們可能是讓你無論如何要保護業務。假設也可能是家族關係可以被切斷。我們的假設是保護家族，但是我可能比客戶想要的效果做過了。」（P. 科爾）

「要知道沒有一種解決方案或者一時的工作可以解決所有問題，或者公司沒有成功的必要條件去獲得成功，不管這個條件是思考還是才智。你可能會被邀請去結束一件事情。要知道他們的方法可能比你的方法好，也可能不如你的方法。有些時候他們不相信事情會變好，企業僅僅是每天早上唯一能去的地方而已。還要理解他們可能不想準備這些成功的必要條件。」（I. 布萊克）

「我們的建議可能是，不管一個人之前的教育或經驗的範圍如何，現在都要謙虛。在過去的事情之外還有很多要學習的地方。所以，好好利用這個機會。加入家族企業學會，參加它的會議。閱讀一些出版的優秀書籍和文章。最后，這個建議可能對那些已經從事了很長時間家族企業的顧問來說也有用，就是尋找其他領域高標準的顧問並建立起關係。」（J. 沃福森）

「假定你什麼都不知道，要有靈活性，還要是個很好的傾聽者。每個

家族都有其獨特的問題，不要普遍化，不要假設所有家族都有病。事實上，我們看到的大多數家族企業都能運轉，只是有些弱點需要管理和解決。」（C. 瑟里格曼）

「需要耐心。我曾經想，一旦我說我是一名家族企業顧問，他們就會蜂擁而至，我這裡便門庭若市。不是這樣的！這需要教育，需要長時間的學習。要想從客戶的角度做好準備，需要整合不同領域的能力，而且你需要知道足夠多的相關領域——會計、保險、財務計劃、家族關係，要能夠在這些領域都成為專家。」（K. 維克菲爾德）

什麼吸引你們到這個領域？

「我們是碰巧進的這個領域！我有家族企業的背景，在那段時間我經歷了很多問題。可能部分處理了一些問題，我形成了一套職業發展道路，知道不能僅僅依靠我的經驗。」（J. 特羅斯特）

「我過去在做博士論文的時候，研究的是關於《小型家族所有企業：一種獨特的組織文化》，還有就是我來自於家族企業（我父親有一家企業）。這兩方面都形成了我的興趣。」（K. 溫頓）

「這在一定程度上是一種自我治療！我來自於一個家族企業。我是從一無所知開始起家的。那時我通過自己的一個問題開始研究：事情怎麼會變成我現在的這種情況呢？！這是非常個人的問題。我想理解我的歷史：過去我哪些做得不錯，哪些可以做得更好。」（W. 漢德勒）

「我已經深陷其中了。我在沃頓商學院的公司財務研究生課程後，在那裡的家族企業諮詢經歷吸引了我。雖然之前我在波士頓工作，但我意識到自己最喜歡的是小型企業：更個人、更有回報的工作。那時我開始在門林格爾的課上學了一週。通過那次課，我在 1986 年認識了約翰·梅瑟威，約翰和我在一起從事了 13 年的諮詢工作。」（T. 扎內齊亞）

「我們曾經有一段特別成功的人生：一家家族企業，不錯的經歷，有自己愛的人，熱愛學習。我一生都在做學生。到中年的時候，我回到研究生院，主要從事家庭和關係方面的研究。」(P. 卡洛夫斯基)

「我在家族企業長大，我與家族企業之間的工作是從繼任問題開始的：決定出售企業還是交給孩子，還有就是處理家族動力。在1989年，我參加了第一次家族企業學會會議。我從來不知道還有這麼一個機構，這麼一幫人對這個問題感興趣。」(M. 科恩)

「我一開始在世界五百強公司工作，感到非常無聊。我知道我想和家族企業工作，這是我和興趣的婚姻，也代表了系統的豐富性。之後我加入了家族企業學會，參與了那個團隊。我還花時間和列昂·丹科在一起。」(P. 博杜安)

「我在家族企業長大。企業在我十二歲的時候出售了。在那段時間，我見了許多家族企業顧問。為了延續這種傳統，我和兄弟姐妹一起投資了一家廣播站。」(P. 科爾)

「我是作為一個有臨床家庭治療實踐和組織發展實踐的人掉進這個領域的。當我注意到我的幾個客戶都是家族企業，而且有一些獨特的挑戰，於是我開始研究有關家族企業的文獻。我幾乎沒找到什麼資料。所以，我開始把我掌握的有關家庭系統和組織發展的信息整合起來，而且專攻家族企業工作。那是在20世紀80年代了。很快，我就不做臨床業務了，也很少做非家族企業的業務。吸引我到這個專業領域的是挑戰。家族企業諮詢是我做過的最難的工作，需要最好的創造力和合作。」(L. 達修)

「有幾樣東西吸引我：①我個人的願景是想讓人們的生活有所不同；②在家族企業裡，每一件事情都很重要——聲譽、家族關係、傳統、財務安全；③你的參與讓家族和企業能夠發展到更和諧的水平，有更高的淨資產，對傳統和職責的意識更強。」(E. 胡佛)

「像許多其他家族企業顧問一樣，我也有家族企業的背景。我的外祖父母有一家工廠，生產女士帽子。當他們讓兒子（我叔叔）加入那家企業，衝突加劇了幾倍。我奶奶有兩個兄弟在一起做生意（有段時間和我爺爺一起）。兩兄弟在錢的問題上爭吵，而且三十年都不和對方說話，直到我父親在我奶奶的葬禮上把他倆逼到一起，羞辱了他們之後他們才開始對話。當我從法學院畢業后開始執業，我發現一些案子裡的家族也是對抗解決方案。因為對我來說，相關方都用那種方式做事，從任何商業角度看上去都不理智。我用了一些時間才意識到個人問題而不是企業問題才是真正讓他們變成這樣的原因，這非常像我叔叔的情況。我在 1990 年第一次參加家族企業學會的會議。在那之後很短的時間，在我的敦促下，我所在的古爾斯頓和斯托爾斯事務所成了東北大學家族企業研究中心的贊助人。我就是這麼『上鉤』的。」（J. 沃福森）

「我是跌跌撞撞地進入這個領域的。我一開始在壳牌做銷售代表，我最好的工作就是和一個經銷商還有他妻子圍著廚房的桌子坐在一起。我本科的學位是經濟學。之後，我和我岳父一起工作，他是家庭治療師。我在 1976 年獲得碩士學位和家庭治療師的執照，在 1982 年取得南加州大學的博士學位，然后在 1985 還是 1986 年參加了家族企業學會的試探性對話。」（E. 科克斯）

「法學院畢業以後，我在岳父被診斷出來患有多發性硬化病（MS）后加入了我妻子的家族企業。岳父后來病情有所好轉，我的小舅子也加入了企業。我就又回去做法律了。我開始吸引遺產中有企業的家族客戶。事實證明做遺產計劃的時候是做嚴肅的戰略規劃的最糟糕的時間。我知道有更好的方法，所以和湯姆·休伯、史蒂夫·施瓦茨成立了一家家族企業顧問公司。」（G. 艾爾斯）

「當我第一次在家族企業學會會議上見到其他人的時候，有一種觸電

般聯繫感：這些人都在做我正在做的事情。能發現做同樣事情的人是一種釋放。」（K. 卡葉）

你學到的最重要的一課是什麼？

「沒有一蹴而就的解決方法，其他專業的模式會造成對結果不現實的期望。家族企業顧問需要在過程上為客戶準備，同時管理他們的期望。壓制下去的問題會很快冒泡。我已經發現多階段的建議是恰當的做法。」（J. 特羅斯特）

「要知道哪些事情不要參與。知道什麼叫好的諮詢模式會有幫助。比如，我的模式就是不會「一直諮詢」，但是把客戶帶到他們不需要我的那一點。可能我內在是個教育者，但是我把他們帶到不需要我的時候，我感到最舒服。在合作結束後，我還會關注他們。」（K. 溫頓）

「作為一名眼明心亮的新顧問，你以為這件事情很容易，但是再想想！評估很容易，執行非常困難。難度大、耗時間。不要把這件事想得這麼簡單。診斷階段可能相對較容易，你可能會想：『我好像有些進展。』但是你要現實點。評估和執行這兩個階段是非常不同的。」（W. 漢德勒）

「傾聽是最重要的。在我職業生涯早期，我有找到正確答案的強迫症。客戶可以想到答案。答案在一段時間會出來。還有，清楚我什麼時候陷入系統裡了，這很重要。我意識到，如果我被困在系統裡，就不能有效工作。」（T. 扎內齊亞）

「每個人對故事的解讀都有一定可信性。感受是事實，但也有虛構的成分。這是一個人對現實的觀點。人們是從宇宙的中心看自己，從組織架構的頂端看自己。這也不是他們的問題。只有當其他人改變時，問題才能解決。你不能假設找你去諮詢的人就是「『腦清楚的那個』。我們的目標是讓他們共同發揮作用。為了達到這個目標，顧問需要想出一個方法來把

每個人去妖魔化，讓他們能轉變態度到一定程度，讓人際關係和企業能夠運轉。」（I. 布萊克）

「我的客戶真的有能力解決問題。我的工作是讓他們獲得足夠的信息，然后承擔起自己的責任找到解決辦法。我不一定要為客戶搞定問題。我和客戶一起工作很長時間，這需要耐心和謙遜，因為我不能擋著自己的路也不能擋著客戶的路。」（B. 布朗）

「正直經常受到挑戰。很重要的一點是不能陷入一種視角，或者和一個股東、一群股東形成同盟。你需要很清楚自己的角色、邊界和價值觀，要注意到他們需要什麼和他們想要什麼。被我辭退的客戶腦子裡倒是有解決方案，但是想讓我去執行。還有，他們不想要獨立的評估。」（L. 達修）

「謙遜是最重要的。我的主要角色是引導師。我沒有最終答案。我曾經和有些客戶工作，他們之前的顧問有「答案」但結果往往是災難性的。我的工作是為客戶提供選擇方案，這樣可以選擇對他們合適的方案——他們有最好的答案。這是雙贏的情形。」（E. 胡佛）

「雖然家族企業顧問會發現這很困難，如果不是不可能的話，試著去忽視客戶面臨的交織在一起的企業和個人問題。我相信顧問應該意識到自己的專業局限。否則，你可能打開一個潛在的、易爆炸的問題，而且你缺乏專業訓練去拆彈。無知地去追問關係的問題可能會打開潘多拉盒子！那個時候就不要驚訝，可能我學到的最重要的教訓就是要非常重視其他類型顧問的價值，特別是但不限於那些有治療背景的顧問，要把他們引入合作中。家族企業諮詢的多學科方法一直以來被家族企業學會看重，有很重要的意義。」（J. 沃福森）

需要的最重要的技能和素質是什麼？

「家族企業顧問需要掌握四大類知識（法律、財務、管理和組織發展、行為科學）。顧問要掌握家族企業學會委員會的知識體系，還有這些技能①商業戰略：是否有足夠多的錢？繼任是否符合你評價獨立業務的方法？這是一種好的商業模式嗎？②職業諮詢：這對在企業中的個人來說是好的職業嗎？」（J. 特羅斯特）

「你需要成為一個好的傾聽者和強調者。你還需要從多個角度看待事情，能夠理解商業技能、所有者和家族系統。解決問題和談判的技能也非常重要。答案通常不是非黑即白的，但是通常在這兩者之間，那些灰色區域要靠創造性來解決。其他需要的技能是團隊建設、對領導力和領導力模型的理解，交際手腕一直都很重要。比如，你可能需要知道如何應對那些想在 30 歲前成為 CEO 的人。」（W. 漢德勒）

「顯然，你自己的職業要具備基本的能力。我是家系圖的推崇者。家系圖作為一種能全覽三代的視角給了我深刻認識家族傳統和行為的洞見。不要假設任何事情，和每個人單獨談話（或者至少和那些會受到你和他們所做事情影響的人談話），幫助他們實現或者離開傳統，建立正向行為，並用結構化的方法去強化行為。我們非常擅長把複雜問題簡單化——把複雜的觀點轉化成簡單的語言非常有用。」（T. 扎內齊亞）

「耐心、仔細傾聽、有信心變得有足夠能力去推動客戶做出決定是最重要的技能和素質。家族企業顧問需要知道前沿的稅務和法律策略來執行解決方案。他們還需要能夠找到或者推薦，或者有其他可用的專業人士，就像我的事務所一樣。我的這些專業人士有審核法律文件的，做評估模型的，知道商業的價值能充分理解硬信息（數據、數字）的，然後一起處理家族動力問題。作為家族企業顧問，我是一個概念建築師，設立目標和

願景，清楚地說明過程，和其他家族顧問合作，一起實現下一個階段的目標。」（M. 科恩）

「顧問擁有優秀的分析能力很重要，還要主動傾聽，用創造性的方法解決問題，願意採取非線性的方法，有團隊合作能力，能夠減少爭吵，頂住壓力。我使用的一個不可思議的治療師很有幫助。加入一個高水平的職業協會，比如家族企業協會（FFI）、家族企業心理動力學學會（Psychodamics of Family Business，PDFB）和亞利桑那家庭教育之家（Arizona Families for Home Education，AFHE）都有幫助。」（B. 布朗）

「有能力傾聽、復述、重組信息是最重要的技能和素質。顧問要能夠把整個系統、所有類型的股東聯繫起來考慮問題，還能同時應對幾件有衝突的事情，能夠有效利用一個人的自我，很好地管理邊界；能夠同時和一群人合作，促使他們對話，集體解決問題和計劃；發展能力、對話過程，與其他專業的同事合作，作為團隊有效工作。」（L. 達修）

「最重要的技能和素質是能夠成為問題解決者，有街頭智慧；信任、樂觀、尊重；能運用常識，兼顧多個優先事項。你在行為動力學、財務、法律和管理科學這四個關鍵領域要有一定水平的知識。家族企業學會認證課程是一個好的開始。保持閱讀。我通過培訓和經驗不斷學習。我對管理科學和行為科學非常在行（作為一個保健高級副總裁）；我從家族企業學會、閱讀和經驗中獲得了對財務和法律足夠的理解。」（E. 胡佛）

「如果你是一個真正的家族企業顧問，而不是其他和家族企業工作的顧問，你是在過程環境中開展工作的。家族企業諮詢是組織發展諮詢的子項目。為此，你需要理解進入這個系統中的影響、信任的重要性，好的合同，可交付的成果和多專業保密的規則；你必須有需求評估和優秀的訪談技術，要在反饋、領導力培訓和思維、戰略規劃和變革管理后進行干預。你還需要知道如何結束諮詢。」（G. 艾爾斯）

「你要成為一個優秀的治療師。在你自己的辦公室裡能控制絕大多數事情；但是在這份工作中，你要在辦公室外工作，和不同的系統工作。你必須和所有的政治、民族、宗教群體發生關係；你必須要成為一個好的傾聽者，能夠整合靈活性和確定性。」（K. 卡葉）

在你對家族企業諮詢過程中，你認為哪些干預是最有效的？

（註：我們已經提到，每個家庭和家族企業都不同。干預必須根據個案量身定做。我們一直嘗試展示可供使用或正在使用的各種成功干預技術。）

「早期預防和教育是最好的；在這些問題出來之前就先談。這和戰略規劃與諮詢是一樣的。」（J. 特羅斯特）

「在家族企業靜修會上，把年長和年幼的一代分到不同房間，每一組人在一塊白板上寫下你的孩子、父母或者其他人對企業和家庭做出的貢獻。把他們叫回來聚在一起分享。」（K. 溫頓）

「這要根據具體的問題來說。兩個以上顧問比較重要，一個是家庭問題方面的專家，一個是企業專家——各自可以提供不同方面的信息和觀點，組成二人聯盟。最理想的情況是一個男顧問和一個女顧問。職業諮詢方面的專業性很有價值，會提供有關職業選擇的個人建議。想知道每一件事是不可能的。所以，重要的是知道什麼時候繼續前進或者提出問題，以及知道某些企業和家庭不管你怎麼說都沒用。」（W. 漢德勒）

「為年老一代做財務安全分析能夠讓他們感覺到放棄控制權后還可以過舒服日子。如果他們真的知道和感受到他們在有生之年能夠得到好的照顧，就更可能讓渡所有權——包括控制權——給下一代。為年輕一代做財務安全分析也可以幫助他們理解需要什麼來保證自己長期的財務安全和獨立性。這能讓他們評估一下什麼才是對公司能夠為財務安全貢獻什麼和什

麼時候貢獻的合理期望。」(T. 扎內齊亞)

「最有效的干預是所有關鍵人物都同意聘用我們；對諮詢來說，同意就是同意，不同意就是不同意。單獨訪問顧客得到一個總體的感受。首先會見所有關鍵人物，然后到一起討論我們看到了什麼，潛在的動力是什麼，我們正在朝哪裡走。其他要解決的問題包括缺少責任感、職位說明、績效評估、清楚的匯報結構，還有無數家庭問題。通常兩個人或者一對一地工作。」(P. 克洛夫斯基)

「最有效的干預是讓下一代參與到制訂遺產計劃中來，律師通常不情願這樣做。我們通過讓下一代參與討論財富及其重要性的方法來解決遺產計劃中的代表權問題。還有，把慈善/博愛整合到過程中。家族企業往往還沒有建立起他們的慈善事業，通常這對過程很有價值。家族企業可以建立一個家族基金，或者一個慈善基金，能夠提供新的事業和討論重要問題的過程，為那些不在企業中工作的家庭成員提供參與的機會。和其他顧問合作也很重要。」(M. 科恩)

「讓家族縱覽幾代人的財務和家族景象是最有效的干預。我給他們反饋整合在一起的兩代、三代、四代人的財務狀況的現實。你不能只看一代人，必須把所有人都拉來討論。你還需要讓領導人密切參與這個過程。對顧問來說很重要的是尊重所有者，或者能夠對客戶的參與說不。在我的經驗中，典型的企業所有人都對自己掌握的家族和企業情況非常沒有安全感。」(P. 博杜安)

「我使用和推薦《談判力》(Getting to Yes)（菲舍和烏來）這本書中用來談判和解決爭端的概念框架。如果你不斷逼著另一個人說清楚原因——他們的需求、擔憂、恐懼、希望或者利益（書裡是這樣定義的）——這樣爭執各方更可能達成共識。作為調解人，我的目的主要是解決這些更深層的擔憂，然后幫助各方創造新的方式來回應。」(J. 沃福德)

「對這份工作來說，讓客戶的情況回到正常很關鍵。在第一個階段結束之前，我說你們有這些問題很正常，因為家族和企業合在一起做的難度相當大。這樣說能降低老一代人的焦慮，讓他們恢復平靜；他們真正理解和相信這句話，這能讓工作開展更容易。」(P. 科爾)

「要讓他們看到無休止的爭吵在過去不能解決問題，現在也不會解決。要有能力和需求評估，結合戰略規劃給他們一個機會去做戰略思考。很重要的一點是給家族成員選擇權，包括通常碰到的個人和職業發展的問題，以及退出公司的問題。幫助家庭學會頭腦風暴，能夠在一起更開放地思考。我會講國王和天鵝還有金蛋的故事來說明所有的家族和企業成員都是國王（客戶）的僕人。家族能夠認同為公司服務的需求，然後顧客就能停止把企業當成戰場。」(I. 布萊克)

「要從最初的評估開始，找到問題在哪裡。確定兩三個和問題最相關的人，讓他們討論建立責任感、積極強化行為和正向反饋的行動計劃。」(B. 布朗)

「最有效的干預是用一個簡單的工作坊讓整個系統參與進來；進行系統評估；建立共享的價值觀；進行集團規劃；建立能夠持續對話的合法性結構、決策、教育和解決問題的方法，包括家族委員會和董事會；開發溝通和問題解決技能。」(L. 達修)

「我在我們所著的《與家族企業相處》一書中用了一個關係路徑圖。這是用來調和衝突和緊張關係很有用的工具。我還用到合夥協議，在這本書裡也講到了。」(E. 胡佛)

「我用的干預方法就是盡量少做。我通常會把這些留給其他專業領域的人做。我偶然發現有一個方法很有用，但是，要當各方處在困境中時才能用。我會要求一方好好聽另一方的「深仇大苦」或者「敏感問題」，不要打斷，然後用他們自己的語言回應，不要去評論。然後，我讓另一方做

同樣的練習。這個過程對兩件事好像有用。第一點，讓每一方都真正去聽對方說了什麼。第二點，也是很重要的一點，儘管沒有立竿見影的解決辦法，但可能是有史以來頭一回每一方都感覺到他們被傾聽了。」（J. 沃福森）

「首先假設家族企業可能會持續取得成功；你帶著希望的態度來諮詢可能會強化積極的效果。」（C. 瑟里格曼）

「讓所有涉及業務的家族成員同時聚在一個屋裡是第一步。讓他們變得正常點，感到他們還是有希望的。讓他們表達自己的觀點；取得你和他們在這裡做這些事情的支持。盡力理解參與的每一個人。」（E. 柯克斯）

「最有效的干預是真正的傾聽，確認你聽到了什麼；在你的領域要勝任，還要在其他相關領域勝任。不能知道工具和技術，但是又停滯不前。認識你這個領域最頂尖的那些資源，知道如何獲得這些資源。不要以為你知道足夠多了。同時，合作很重要。你要有能力提高領導團隊或者跟隨團隊。理解這不是誰領導顧問團隊的問題，而是在不同時間點上，哪些人在前面衝鋒，哪些人在后面掩護的問題。讓家族看自己，然后說出來。」（K. 維克菲爾德）

「聚在一起不一定總是個辦法，讓所有人在一起討論通常沒有答案。始終要試著和那些最有動力的人合作，他們最有耐力。不要花時間說服有些人去做有些事情。還有，真正的客戶其實是我自己；我如何處理好我自己，對這個過程來說很關鍵。我常常問自己，我是不是過度負責或者不夠盡責。很重要的一點是認識到這個工作性質的長期性。」（K. 懷斯曼）

「反饋很有力量；你需要①說出你知道的真相；②不要做判斷。我用一個彩色玻璃來比喻：用玻璃碎片來編一個故事。你需要尊重每個人的觀點，這樣所有的信息才能和反饋聯繫起來；干預是反饋討論的結果。願景也很重要，像伊凡·蘭斯伯格的《向往夢想》（Dream the Dream），書中每一代人都有自己關於治理和領導力的願景。」（G. 艾爾斯）

「讓他們『探訪未來』；查閱我的書《職場戰爭》（Workplace War），或者訪問我的網站：www.kaye.com。」（K. 卡葉）

我們感謝以下的受訪者

格蘭·艾爾斯是一名家族企業顧問，他和家族企業合作，通過發起重大變革來幫助家族和企業保持經濟上的活力和價值觀的驅動。

彼特·博杜安，與他的助理一起，已經開發出一個軟件信息系統來記錄、規劃和監控代與代之間、有形和無形的家族企業的財產。

伯尼·布朗是「轉型動力」的總裁，也是福克斯（FOX）基金的執行董事。她為家庭和組織的轉型提供諮詢。

伊拉·布萊克是馬薩諸塞大學創業家族的學習社區家族企業中心主任。他的第三部戲劇《難砸開的堅果》是有關家族企業一生的，在2002年秋首次上演。

邁克·科恩是《保留或賣掉你的企業》一書的作者，也是一名家族企業顧問。他曾經是家族企業學會的主席和董事會成員。

帕特·科爾是一名家族企業成員，也是佛羅里達州羅德岱堡諾瓦東南大學的家族治理與家族企業副教授。

埃德·柯克斯和他的合夥人都德·豪斯內·維斯塔爾住在加州的格蘭戴爾，他們只對家族企業提供服務，幫助企業在發展、家族和諧和個人生活上實現平衡。

雷斯利·達修是「企業人性面」的總裁和阿斯本家族企業集團的合夥人。她有組織發展和家族治療的背景，十五年一直專注於為家族所有企業提供諮詢。達修女士是《與家族企業共事：一本職業者指南》（Working With Family Businesses: A Guide for Professionals）一書的共同作者。

溫蒂·漢德勒是巴布森學院的管理學副教授，她教授家族企業管理，

她在 1986 年開發了這個課程，這是美國該領域的第一門課程。

埃德·胡佛是管理心理學家，專攻管理和擁有巨大財富的家族企業所面臨的獨特的挑戰。

保羅·卡洛夫斯基是位於馬薩諸塞州德漢市的東北大學家族企業中心執行主任。該中心為全球範圍的家庭、企業和教育機構提供支持。卡洛夫斯基先生也有自己的諮詢公司：變革諮詢集團。

肯·卡葉很長一段時間都是家庭心理學家中重要的思想者和創新者，她專注於解決封閉企業中的發展和人際關係。

卡莉·瑟里格曼是東北共同財務網路波士頓組的企業與遺產計劃主任。在這個職位上，她為封閉公司所有人提供繼任計劃、退休計劃、高管福利和遺產計劃方面的諮詢。

小約翰·G. 特羅斯特是劍橋創新企業中心的共同創始人，曾經在第三代家族企業中很活躍。他目前任職於家族辦公室的董事會。他還熱心參與公眾服務，被任命為新澤西和馬薩諸塞州的職位。

卡倫·溫頓是蒙大拿州立大學榮譽教授，繼續從事家族企業方面的研究，擁有一家諮詢公司，專門從事管理和人力資源管理問題。

凱·維克菲爾德是波特蘭地區的律師，為家族企業所有者提供繼任和遺產計劃方面的諮詢。

凱西·懷斯曼是位於華盛頓特區的博文家庭研究中心的成員，也是工作系統主席。她的執業領域是家族企業和工作組織中的情感過程。

傑克·沃福德是波士頓古爾斯頓和斯托爾律師事務所的家庭企業律師，也是東北大學家族企業中心的榮譽主席，著有《家族企業公司律師的實務要點》（Practice Points for the Family Business Corporate Lawyer）。

湯姆·扎內齊亞是財富管理諮詢公司的創始人和總裁，為高淨值個人客戶和他們的家庭提供整合的、客觀的財務、投資和稅務諮詢。

後 記

　　當我們思考為書中提到的家族企業提供的諮詢，對我們來說，也希望對讀者來說，與家族企業客戶共事和與非家族企業客戶共事的方法的不同之處變得清晰起來。因為我們要處理內容，以便針對問題提出解決方案；同時還要處理過程，以便幫助家族企業渡過變革和應對經常會遇到的對抗。我們發現成功地管理從第一次接觸到退出的每個階段，會讓顧問最有機會成功。

　　向家族企業客戶提供他們能接受並且能以此開展工作的反饋也是對家族企業顧問的重大挑戰。在安全的環境中提供反饋要求顧問能夠和客戶之間建立起強烈的信任聯繫。缺少這種信任，客戶就不願意嘗試變化或者執行讓他們感覺不安的解決方法。不管是通過家庭靜修會還是其他方式，有技巧的顧問都能夠幫助家庭清楚地看到問題所在，並且能夠幫助客戶對未來做出自由的、有根據的選擇。此外，一旦客戶做出如何繼續開展工作的決定，顧問必須有技巧去干預，幫助他們解決問題，不管問題是繼任計劃、所有權轉移還是提升溝通技巧。顧問成為客戶的榜樣、教練和老師，幫助他們打破功能失調的家庭模式，解決有關業務問題。即使通常需要各種技能組合，我們也一直強調使用多學科諮詢團隊的重要性。很少有顧問能具備客戶所需要的所有技能。

　　不僅理解客戶，還要理解我們自己，這對家族企業顧問來說十分重要。我們必須能夠講清楚自己的偏見、短處和恐懼，才能夠應對它們並且

幫助客戶深入看待他們的問題。我們鼓勵所有想成為家族企業顧問的人完成一份個人家系圖，來展示在原生家族中的經歷如何影響到他們的生活。另外，每個顧問都應該有一個提升自己技巧和能力的計劃。你只有自己站在高處才可能幫助顧客提升。

我們還建議，雖然諮詢過程中存在共同的模式和問題，但每個家族企業都不同，各有其獨特的歷史和動態關係。因此，我們一直鼓勵家族企業顧問要意識到他們遇到的各種特殊情況，才能針對客戶的需求提供諮詢。在我們看來，千篇一律的方法注定要失敗。我們在最后一章分享的家族企業顧問的經驗就證實了，顧問如果不能適應不同客戶的需求就會遇到各種陷阱。

最后，我們在實務中發現，即便我們做出最大努力，也不總是能夠成功。夫妻可能離異，小孩可能會與家長疏遠，企業也可能以失敗告終。但是，成功地與家族企業合作似乎會對顧問有加倍的內在回報。顧問不僅會看到企業狀況的好轉，而且還會看到家庭關係得到強化並實現它們的目標。我們的諮詢工作給我們帶來了職業生涯中最滿意的經歷。在大多數案子中，我們的客戶不僅僅是客戶，而且與我們成了朋友。沒有什麼比看到你在意的人的生活、企業和家庭健康變得更好這麼大的回報了。

在本書中，我們概括了我們認為家族企業顧問需要具備的知識和技能。我們希望這本書能夠激勵新一代顧問去幫助家族企業，也希望能夠提升經驗豐富的顧問的實踐。站在對我們有利的點來看，給家族企業提供諮詢肯定不是件容易的事，但絕對值得去做。

關於本系列叢書

歷史上有許多分水嶺，在它后面所有的事情都在改變。突襲珍珠港就是其中之一，轟炸中途島是另一個事件。離我們最近的事情就是恐怖分子襲擊了紐約市的世貿中心。所有這些都導致許多生命和組織的變化。

《踐行組織發展：團隊和組織變革動力系列叢書》的發布，就是幫助那些必須要處理或者發起變革的人。該叢書被設計來分享哪些方法有效或者無效，激發有關變革的批判性思考，提供創新方法來應對變革，而不是上面提到的破壞性方式。

變革管理和組織發展的現狀：

在本系列叢書第一批書的墨跡快干的時候，我們聽說書裡關注的問題受眾範圍太窄。我們也聽說對理論和實踐的需要擴展到組織發展以外的變革管理。不止一個有聲譽的機構敦促我們重新考慮我們的關注點，把內容擴大到組織發展以外，把變革管理也囊括進來。

組織發展不是能夠實施變革或者處理在組織背景下那些問題的唯一途徑。我們一直以來也深知這一點。但我們還是有理由堅信這樣一個觀點，即，變革管理不管用什麼方式執行，都要建立在尊重個人的基礎上，通過受價值觀影響的人的參與和介入來實現，還建立在通過許多層面實現組織環境提升的利益上——包括生產率提升，也包括提升工作生活平衡和以價值觀為基礎的管理和變革的方法。

該叢書產生的簡史：

幾年前，羅思韋爾、蘇利文和麥克林所著的《實踐組織發展：執業者的指導》一書獲得成功，出版商感覺到人們對組織發展的興趣在美國和其他國家重生，就想出版一個新的組織發展系列叢書。該新系列的目的不是要取代或者直接和已有聲譽的愛迪生—韋斯利組織發展系列叢書（埃德加·沙因主編）競爭。而是——正如編輯們這樣看它——該系列可以提供一個途徑，讓那些在組織發展領域有所作為但還不為人知的作者可以分享自己的觀點。出版商得到了比爾·羅斯維爾、羅蘭德·蘇利文和凱瑟琳·奎德的支持，得以把這個夢想變成現實。

該系列還在形成發展過程中，從開始以來一直穩定地演進。該系列最初很有雄心壯志——不僅僅是要重塑組織發展，而且要重建與之相關的研究和實踐的興趣。支助書籍是實現這個目的的方法之一，另一個途徑是本系列的網站（www.pfeiffer.com/go/od）。該網站遠不止是一個推銷該系列書籍的地方，也是組織發展從業者即時學習的社區。

該系列的叢書有什麼不同？

本系列的叢書旨在提供有挑戰性的、最先進和最前沿的組織發展和變革管理方法，目的是為在組織發展和變革管理方面還沒有把觀點寫出來經過驗證的權威人士，或者在這方面很有前途的、有創新的，有時非正統但又有刺激和令人興奮的方法的作者們提供一個途徑。有些書闡述了激發人心的概念，可以帶來可行的變化，還有很新但還未充分建立的觀點。

這套叢書的獨特之處是強調領先性、快速應用和概念的易於移植。目的不僅僅是要重塑、重建和重振組織發展和變革管理。每一本書，我們都建議作者提供：

（1）某種研究基礎，意思是從實踐或系統調查得來的新信息；

（2）實務工具、工作表、案例研究和其他拿來就能用的方法，幫助作者把理論引向實踐，來達到更具體的、新的、領先的方法。

涉及或沒有涉及的主題：

該系列叢書的研究方法各不相同，但是在關注點上是一致的，都強調組織發展和變革管理。因此，該系列叢書是關於參與式變革力量的叢書。它不包括其他流行主題，比如領導力、管理發展、諮詢或者團隊動力——除非這些主題被用一種新的、最先進的方法來看待，而且適合組織發展和變革管理的從業者。

本書簡介

在《家族企業諮詢：合同、評估和執行實務指南》一書中，吉布‧戴爾和簡‧希爾伯特–戴維斯利用他們豐富的經驗，提供了一張整體路線圖給任何從事家族企業諮詢的人，包括變革顧問、治療師、律師、會計師和遺產規劃師。除此之外，這本書對所有領導成功企業的家族成員來說也是一本必讀書。這本書是這個領域第一本為增強組織效率提供務實、整合的變革過程的書。

該書分為三個部分。第一部分幫助讀者理解家族企業與其他組織的不同。第二部分提供了家族企業諮詢的操作建議。第三部分總結了從事家族企業諮詢工作的人所需的特殊的知識、技能和能力。

這本書堪稱經典之作，是一本最有洞見、最有幫助的書，其中有許多實用的故事、例子、注意事項和智慧。

威廉‧J. 羅思韋爾

賓夕法尼亞州帕克校區

羅蘭德‧蘇利文

明尼蘇達州迪普黑文市

克里斯汀‧奎德

明尼蘇達州明尼通卡市

編委會聲明

我們很高興能夠參與並影響《踐行組織發展：團隊和組織變革動力叢書》的啓動。該系列的目的是激勵這個職業和影響組織變革的定義與實踐。本聲明的目的是通過解決三個重要問題來為本系列叢書建立一個背景：①在21世紀組織變革和發展面臨的關鍵問題是什麽？②組織發展在何處適合這個領域，或者是否適合這個領域？③本系列叢書的目的是什麽？

21世紀組織變革和發展面臨的關鍵問題？

問題之一就是在多大程度上領導者們能夠控制力量或者僅僅是做出反應。全球化和外部力量如此強大，會不會阻礙組織保持在變革彎道的前列？還有就是科技，特別是信息技術，在變革過程中的角色是什麽？多大程度上可以成為變革的載體，或者是變革的源頭？

強制變革和合作變革之間的關係是什麽？教育水平不斷提高的勞動者們會不會傾向於后者；或者實現根本性變革的需求，要求領導者們設定一個參與者們並不情願為自己設定的目標？這兩種變革形式的關係是什麽？

誰會成為變革的推動者？這會不會是一個獨立的職業，或者是組織領導者們不斷增加的責任？如果是后者，這會怎樣改變變革職業的角色？

在21世紀，變革的價值觀角色會是什麽？關鍵的價值觀會是績效——效果和效率嗎？傳統組織發展扮演的人性價值觀的角色會發生怎樣

的改變？或者作為組織核心競爭力的知識和人類能力的增加，使其變成了爭論未決的問題，即只有當一個組織考慮人性價值的時候才會實現績效嗎？

其他領域和變革領域的關係是什麼？任何與戰略無關的變革過程是否真正有效？變革推動者可以只著眼於過程，或者他們需要有組織產品/服務的知識，並積極參與到生產過程中，並且理解組織所經營的市場利基嗎？

組織發展在哪些地方適合組織變革和發展或者是否適合這個領域？

我們列出組織發展的定義來引發討論：

組織發展是一個體系寬廣、基於價值觀來把行為科學應用在適應性發展、提升和強化諸如戰略、結構、過程、人和文化這些導致組織有效性的強化上的合作過程。

該定義意味著組織發展要從以下幾個焦點來理解：

第一，組織發展是一個體系寬廣的過程。它要處理整個系統。過去，人們在處理個人和團隊層面上存在偏見。但最近，關注點轉移到了組織和多組織系統。我們總體上支持這個趨勢，但是也尊重和承認這樣一個事實，就是傳統的、對更小的系統的關注是合理和必要的。

第二，組織發展要以價值觀為基礎。傳統上，組織發展一直嘗試把自己和其他形式的規劃變革和行為科學應用區別開來，把喚醒人性的價值觀和強調個人發展的重要性作為它實踐的關鍵。今天，這個焦點變得模糊起來，而且對於組織發展實踐背后的價值觀基礎也產生了爭論。我們支持一種更正式和直接的對話，關於這些價值觀是什麼，以及這個領域如何與它們發生關係。

第三，組織發展是合作。作為組織發展從業者，我們的第一個價值承

諾就是創造一個包羅萬象的、多元化的工作勞動力，重點是把差異整合到世界範圍的文化思想中去。

第四，組織發展以行為科學為基礎。組織發展應該包括和應用社會學、心理學、人類學、技術和經濟的知識來達到讓系統更有效的目的。我們支持繼續強調組織發展要基於行為科學這一觀點，並相信組織發展的從業者應該廣泛瞭解多學科並要適應這一點。

第五，組織發展和適應性發展、提升以及戰略再強化、結構、過程、人員、文化和其他組織生命中的特徵相關。這不僅包括了作為發展目標的組織要素，還包括了從中產生效率的過程。也就是說，組織發展要處理多個領域，重點是發展這些領域。我們相信，這樣一個過程和內容的陳述強有力地指出了組織發展的一個關鍵特徵，就是把知識和技術轉移到系統中去，使這個系統在未來能夠更好地應對和管理變革。

第六，組織發展是要提高組織效果。這不僅僅是讓人們快樂，還關係到實現財務目標、提高生產力、提高股東滿意度。

這個定義提出了諸多問題：

（1）組織發展和組織變革與發展是不是同一個概念？

（2）組織發展是不是已經變成了工具、方法和技術的組合？已經失去了它的價值？

（3）它談論系統，但是在實踐中卻忘記了系統？

（4）顧問是變革的引導師還是活動家？

（5）在多大程度上應該以顧問的價值觀來驅動諮詢，還是只堅持能夠提升客戶效率的價值觀？

（6）組織發展從業者如何幫助制定戰略、塑造戰略發展過程、貢獻戰略內容，以及如何推動戰略執行？

（7）組織發展如何聚焦在外部因素在個人的變化驅動力上，比如外

部環境、商業戰略、組織變革、文化變革,以及聚焦在內部因素在個人的變化驅動力上,比如文化的個體階段、行為、類型和思維?

(8) 組織發展到底多大程度上應該是所有領導者的領域?多大程度上應該是接受過專業訓練、以此為業的組織發展從業者的唯一領域?

本叢書的目的:

該叢書的目的是提供對組織變革和發展作為一個領域的當前思考,以及提供基於合理理論和研究的時間方法。目標讀者是組織內部和外部全職的從業者;正在主持企業範圍變革的高管、經理人、人力資源管理(HR)從業者、培訓發展從業者和其他負責組織和跨組織環境變革的人。同時,這些書會直接提供最先進的思想和最前沿的方法。在有些案例中,觀點、方法和技術仍然在進化,因此這本書的目的是要啟動對話。

我們知道該系列中的書會為這個領域啟發思想的對話提供一個領先的論壇。

關於董事會成員:

戴維・布拉德福德是斯坦福大學商業研究生院的組織行為高級講師。他也是《卓越管理》(Managing for Excellence)、《非權威的影響力:通過分享領導力實現組織變革》(Influence Without Authority and Power Up: Transforming Organizations Through Shared Leadership)的共同作者(另一名作者是阿蘭・R. 寇恩)。

W. 華納・貝克是哥倫比亞大學教師學院組織和領導力系的心理學與教育學教授。他也是普華永道的高級顧問。他最近出版了與威廉・特拉罕和理查德・庫恩斯合作的《氛圍變化的企業簡介:變革者的肖像》(Business Profiles of Climate Shifts: Profiles of Change Makers)。

艾迪·懷特菲爾德·希霍爾是一名組織顧問和 AU·NTL 組織發展碩士項目的共同創辦人（與莫莉·塞加爾）。她也是《你說什麼?》（What Did You Say?）和《反饋的藝術》（The Art of Giving and Receiving Feedback）的共同作者，以及《承諾的多元化》（The Promise Diversity）的共同編輯。

羅伯特·坦嫩鮑姆是加州大學洛杉磯分校管理研究生院的人力系統發展榮譽教授和國家組織發展網路終身成就獎的獲得者。他出版了眾多書籍，包括《人類系統開發》（Human Systems Development，與牛頓·馬古利斯和弗雷德·馬薩力克合著）。

克里斯托弗·G.沃利是帕伯代因大學 MSOD 項目主任，也是《組織發展與變革》（Organization Development and Change）的共同作者（與湯姆·卡明斯合著），以及《整合戰略性變革》（Integrated Strategic Change，與戴維·希金和沃爾特·羅斯合著）的共同作者。

張紹明（音譯，Shaoming Zhang）是摩托羅拉電子有限公司中國區的組織發展高級經理。他畢業於北京外國語大學美國研究專業研究生，是多倫多約克大學社會學博士。

系列叢書後記

在 1967 年，沃倫·本尼斯、埃德加·沙因和我是麻省理工斯隆管理學院的同事。我們決定要出版一系列有關組織發展領域的印刷版的書。組織發展作為一個領域大概是在十年前，是我和來自早期在通用磨坊進行先驅變革嘗試的同事一起命名的。

今天我把組織發展定義為「運用行為科學的知識和技巧去把組織改造為新狀態的一個系統的、成體系的變革工作」。

無論如何，在已有的案例、書籍和諸多文章中都有提到組織發展，但是對組織發展是不是一個實踐領域、研究領域或者職業沒有達成共識。我們一直沒有為組織發展創造出一套理論，甚至也沒作為實踐。

因此，我們決定有必要闡述組織發展的狀態。我們打算再找三個作者，然後每人寫一本書。經過一些尋找，我們發現一名年輕的編輯剛剛加入一家小的出版社——愛迪生—韋斯利。我們取得聯繫，然後這個系列隨之誕生。我們的讀者是人力資源執業者，他們通過各種小組活動，比如團隊建設，花時間為經理人的發展提供諮詢。目前有三十多本書在這個系列出版，這個系列也有了它自己的生命。我們剛剛慶祝了它三十年的紀念日。

在去年的國家組織發展網路會議上，我說，現在到了組織發展專業變革和轉型的時候了。這不是我們這些變革推動者對客戶說的嗎？這套新的 Jossey-Bass/Pfeiffer 系列就是在做這件事。這可以看作是：

（1）組織發展文獻的重新發明；

（2）把我們帶向更高水平的努力；

（3）把領先的從業者和理論家的理論和實踐帶給世界的實實在在的努力。

這個新系列中的書因此證明了是給組織發展推動者保持對最新、最前沿觀點和實踐瞭解的有價值的資源。

希望這令人興奮的變革推動者系列叢書是有創造力和創新性的，希望它為我們這個領域帶來煥新的能量爆發和關注。

理查德·貝克哈德
1999年勞動節週末寫於緬因州靠近伯特利的夏日小屋

編輯簡介

威廉·J. 羅思韋爾，博士，羅思韋爾公司總裁，擁有一家私人諮詢公司，也是賓州州立大學帕克分校人力資源發展教授。在 1993 年開始在賓州州立大學從教以前，他是一家主要的保險公司助理副總裁和管理發展總監，也是一個州政府的培訓總監。他從 1979 年至今全職從事人力資源管理和員工發展工作。因此，他整合了現實經驗和學術，以及諮詢經驗。作為顧問，羅思韋爾博士的客戶包括超過 35 家的世界 500 強公司。

羅思韋爾博士在伊利諾伊大學香檳分校獲得博士學位，專修員工培訓。他還獲得了桑格蒙大學（現在的伊利諾伊大學斯普林菲爾德分校）的工商管理碩士（MBA），主修人力資源。他有伊利諾伊大學香檳分校的碩士學位和伊利諾伊州立大學本科學位，並作為高級人力資源專家（SPHR）取得終身認證，同時有註冊組織發展顧問的認證（RODC），他還受行業選派作為生命管理學會會員。

羅思韋爾博士的最新著作包括：《經理人與變革領導》（The Mananger and Change Leader，ASTD，2001）、《干預選擇人、設計人、開發人和執行人的角色》（The Role of Intervention Selector、Designer and Developer, and Implementor，ASTD，2000）、《人力績效 ASTD 模型》（ASTD Models for Human Performance，ASTD，2000，第 2 版）、《分析師》（The Analyst，ASTD，2000）、《評估師》（The Evaluator，ASTD，2000）、《工作場所的學習與績效 ASTD 參考指南》（The ASTD Reference Guide to Workplace

Learning and Performance，與 H. 思萊德合著，HRD 出版社，2000，第 3 版)、《培訓交付完全指南：基於能力素質的方法》(The Complete Guide to Training Delivery：A Competency-based Approach，與 S. 金和 M. 金合著，AMACOM，2000)、《人力績效提升：打造執業者能力》(Human Performance Improvement：Building Practitioner Competence，Butterworth-Heinemann 出版社，2000)、《有效繼任規劃：從內部確保領導力延續和培養人才》(Effective Succession Plan：Ensuring Leadership Continuity and Building Talent from Within，AMACOM，2000) 和《勝任力工具箱》(The Competency Toolkit，與 D. 杜波依合著，HRD 出版社，2000)

羅蘭·蘇利文，RODC，作為組織發展顧問在 11 個國家為接近 800 個組織提供服務，而且基本上包括了所有主要行業。理查德·貝克哈德認為他是世界上最早的 100 個變革推動者之一。

蘇利文先生的專業是科學和系統性的和整體性的變革，高管團隊建設，引導整個系統變革會議——300~1,500 人參加的大型互動會議，有超過 25,000 人參加過他組織的會議。一個由他和克里斯汀·奎德為南非混合銀行組織的會議被組織發展學會評為世界傑出變革項目第二名。

他和威廉·羅思韋爾、格雷·邁克林，正在修訂該領域的首本著作《實踐組織發展：顧問指導》(Practicing OD：A Consultant's Guide)。第一版已經翻譯成中文。

他曾在帕伯代因大學和羅耀拉大學從事組織發展研究工作。

蘇利文先生目前的研究興趣包括：系統整理轉型，平衡經濟與人的現實，發現最領先的、關注變革和見證組織發展職業持續更新的作者並與之合作，以及應用現象學（在給互相依存的組織提供諮詢中發展更高水平的意識和自我意識）。

蘇利文先生目前的職業教學情況可以登錄 www.rolandsullivan.com 察看。

克里斯汀·奎德是一名獨立顧問，她曾是一名律師，並在帕伯代因大學獲得組織發展碩士學位，還有多年擔任內部和外部組織顧問的經驗。

奎德女士用她的經驗指導來自不同公司內的各個領域的團隊，以及從高管到員工不同層級的團隊。她一直以來都在推動領導力適配、文化變革、支持系統調整、質量過程提升、組織重設和清晰的戰略目的制定，均取得了重要成效。作為一個相信整體系統變革的人，她已經有專業能力引導 8~2,000 人的團隊在同一間屋子裡進行為期三天的變革過程。

她在 1996 年被評為明尼蘇達年度組織發展從業者，奎德夫人在帕伯代因大學和明尼蘇達大學曼卡托分校教授碩士項目，以及位於明尼阿波利斯的聖托馬斯大學教授碩士和博士課程。她是組織發展國家會議和國際組織發展會議和國際引導師協會的出席人。

作者簡介

簡·希爾伯特-戴維斯

簡是美國波士頓 Key Resources 諮詢公司的主要創始人。該公司專注於人類動力學（Human Dynamics）和商業系統諮詢。作為家族企業領域公認的領軍者，她在劍橋創新企業中心教授廣受歡迎的課程：愛與金錢。該中心由她在大約10年前（1993年左右）創建，是一所曾經獲獎的培訓與研究機構。她的客戶包括不同規模的家族企業和封閉控股公司。

她獨著與合著過多篇文章，包括：《運用過程/內容框架：服務內容專家指南》《在家族企業系統內解決問題：五個問題》《給夫妻創業者的建議：保持簡單、不避衝突》，以及《籬笆築得牢，鄰居做得牢》。她還被眾多機構邀請發表有關組織和會議的演講，包括：家族企業學會（Family Firm Institute）、波士頓遺產規劃委員會（Boston Estate Planning Council）、國家個人金融顧問協會（National Association of Personal Financial Advisors）、新英格蘭地區應用心理協會（New England Society of Applied Psychology）、國家社會工作者協會（National Association of Social Workers）以及紐約家族企業基金會（Family Business Foundation of New York）。

在工作中，希爾伯特-戴維斯致力於增強人的精神力量和提升。通過對個人、家庭、組織動力學獨特的結合，她幫助客戶填補上在個人、職業

生活的現狀與當為之間的差距。希爾伯特-戴維斯最初接受的是生物學與自然學的教育，她相信在我們的生活、工作和家庭之間存在相互影響的關係。她目前生活在馬薩諸塞州的萊克星頓和緬因州的康迪港。

小威廉·吉布·戴爾

吉布是楊百翰大學萬豪管理學院歐·萊斯利·斯通領導力教授。他在楊百翰大學獲得學士與 MBA 學位，並於 1984 年從麻省理工學院斯隆管理學院獲得管理學博士學位。他曾在新罕布什爾大學任教，1997 年又在位於西班牙巴薩羅納的 IESE 商學院擔任訪問教授。他同時也是美國家族企業學會（Family Firm Institute）出版物《家族企業評論》（Family Business Review）的審稿人之一。吉布的文章廣泛涉獵家族企業、企業家精神、組織文化和管理組織變革等課題，發表在《美國管理學雜誌》（Academy of Management Review）、《應用行為科學雜誌》（Journal of Applied Behavioral Science）、《小企業管理雜誌》（Journal of Small Business Management）、《家族企業評論》（Family Business Review）、《斯隆商學院管理評論》（Sloan Management Review）、《人力資源管理》（Human Resources Management）、《組織動力學》（Organizational Dynamics）等刊物上。他是兩本獲獎書目的作者——《家族企業的文化變革：預判與管理經營與家庭的過渡》（Culture Change in Family Firms: Anticipating and Managing Business and Family Transitions）和《企業家經歷：創業高管遭遇的職業兩難境地》（The Entrepreneurial Experience: Confronting Career Dilemmas of the Start-Up Executive）。他還與人合著了《用數字管理：缺席的企業主與美國工業的衰落》（Managing by the Numbers: Absentee Owners and the Decline of American Industry）。吉布·戴爾在不同行業的眾多公司和組織擔任顧問。因為

其創新的教學方法，戴爾博士在 1990 年獲得福吉谷自由基金頒發的美國私營企業教育卓越獎。戴爾教授是家族企業和企業家精神研究領域公認的權威，其研究曾被《福布斯》《華爾街日報》《紐約時報》和《國家企業雜誌》引用。

封底評論

「書中為家族企業顧問提供了大量思考縝密、具有實踐性的建議。從闡明家族企業複雜性和顧問在其中扮演的角色的概念模型，到促成變革的具體干預的策略，所有這些都囊括其中。對有志於成為高效的、值得信賴的家族企業顧問來說，這是一本必須讀的書。」

——伊凡・蘭斯伯格

蘭斯伯格與蓋爾西克諮詢公司高級合夥人、西北大學凱洛格商學院教授

「與家族企業共事的人對這本書已經期待已久。書中既有豐富的家族軼事，又建立在目前的知識體系基礎之上。該書提供的務實可行的方法會受到不同領域和不同經驗層次的顧問歡迎。」

——杰弗瑞・S. 沃爾福森

古爾斯通和斯托爾斯律師事務所律師、東北大學家族企業中心榮譽主席

「我希望本書早幾年前就寫成。不管是對經驗豐富的顧問，還是初出茅廬的家族企業顧問，這都是絕對必要的資料。」

—— 弗朗索瓦・M. 德維舍

德維舍工業集團總裁、貝卡爾特公司董事

「本書縝密、綜合地介紹了以家族動力與企業營運為中心的複雜諮詢過程。」

——瑪麗·F. 懷特塞德
密歇根安娜堡家族中心

「終於等到了這本既實用又能引發思考,同時不懼回應爭議和困難話題的書。希爾伯特-戴維斯和戴爾為家族企業諮詢領域做出了開創性貢獻。」

——卡倫·L. 溫頓
蒙大拿州立大學榮譽商學教授

譯者簡介

肖柳，西南政法大學法學學士，中國人民大學法學碩士。曾在龍湖地產、協信地產、東原地產從事近 10 年人力資源管理工作。目前就讀於楊百翰大學萬豪管理學院 MBA 項目，作為研究助理從事中美家族企業比較研究，同時在美國創業。

國家圖書館出版品預行編目(CIP)資料

家族企業諮詢 / 簡・希爾伯特-戴維斯(Jane Hilbirt-Davis)、
小威廉・吉布・戴爾(W.Gibb.Dyer,Jr) 著. -- 第一版.
-- 臺北市：崧博出版：崧燁文化發行, 2018.09
　　面　；　　公分

ISBN 978-957-735-446-4(平裝)

1.家族企業 2.企業管理

494　　107015101

書　名：家族企業諮詢
作　者：簡・希爾伯特-戴維斯(Jane Hilbirt-Davis)、
　　　　小威廉・吉布・戴爾(W.Gibb.Dyer,Jr)　著
發行人：黃振庭
出版者：崧博出版事業有限公司
發行者：崧燁文化事業有限公司
E-mail：sonbookservice@gmail.com
粉絲頁　　　　　　　網　址：
地　址：台北市中正區重慶南路一段六十一號八樓815室
8F.-815, No.61, Sec. 1, Chongqing S. Rd., Zhongzheng
Dist., Taipei City 100, Taiwan (R.O.C.)
電　話：(02)2370-3310　傳　真：(02) 2370-3210
總經銷：紅螞蟻圖書有限公司
地　址：台北市內湖區舊宗路二段121巷19號
電　話：02-2795-3656　　傳真：02-2795-4100　網址：
印　刷：京峯彩色印刷有限公司（京峰數位）

　　本書版權為西南財經大學出版社所有授權崧博出版事業有限公司獨家發行
　　電子書繁體字版。若有其他相關權利及授權需求請與本公司聯繫。

定價：450 元
發行日期：2018 年 9 月第一版
◎ 本書以POD印製發行